“十四五”职业教育黑龙江省规划教材

高等职业教育“十四五”规划教材

农业技术推广

任学坤　赵　姝　主编

中国农业大学出版社

·北京·

内容简介

本教材是“十四五”职业教育黑龙江省规划教材。在编写思路上，本教材始终贯穿技术先进性原则，注重技能的培养和技术的实用性，关注岗位能力培养，适应多样化教学的需要。本教材主要包括农业技术推广概述、农业创新采用与扩散、农业生产者的行为改变、农业技术推广程序与方法、农业技术推广项目选择与实施、农业技术推广培训与咨询、农业技术推广试验与示范、农业技术推广信息与服务、农业技术推广组织与人员、农业技术推广写作与演讲、农业技术推广工作评价以及农业技术推广研究与方法共计12个模块，各模块之间既相互独立，又密切联系，共同构成了完整的农业技术推广体系。

本教材可作为高等职业院校农学、园艺、园林、畜牧等专业的教材，也可作为现代青年农场主、农技人员继续教育和远程教育培训的教材，还可供广大农业行政人员和农业工作者参考使用。

图书在版编目(CIP)数据

农业技术推广 / 任学坤，赵姝主编. -- 北京：中国农业大学出版社，2022.12(2024.10 重印)
ISBN 978-7-5655-2920-7

Ⅰ.①农… Ⅱ.①任…②赵… Ⅲ.①农业科技推广 Ⅳ.①S3-33

中国国家版本馆 CIP 数据核字(2023)第 004864 号

书　名 农业技术推广
作　者 任学坤　赵　姝　主编

策划编辑 康昊婷　　**责任编辑** 康昊婷
封面设计 郑　川　李尘工作室
出版发行 中国农业大学出版社
社　址 北京市海淀区圆明园西路 2 号　　**邮政编码** 100193
电　话 发行部 010-62733489，1190　　读者服务部 010-62732336
编辑部 010-62732617，2618　　出 版 部 010-62733440
网　址 http://www.caupress.cn　　**E-mail** cbsszs@cau.edu.cn
经　销 新华书店
印　刷 北京溢漾印刷有限公司
版　次 2023 年 1 月第 1 版　2024 年 10 月第 3 次印刷
规　格 185 mm×260 mm　16 开本　12.75 印张　350 千字
定　价 42.00 元

编审人员

主　编　任学坤（黑龙江农业职业技术学院）

赵　姝（黑龙江农业职业技术学院）

副主编　宫绍斌（黑龙江农业职业技术学院）

孙　雪（黑龙江农业职业技术学院）

萧长亮（黑龙江省农垦科学院水稻研究所）

谢玉明（河南农业职业学院）

张宛玉（潍坊职业学院）

参　编　张亚龙（黑龙江农业职业技术学院）

姚文秋（黑龙江农业职业技术学院）

高长鹤（黑龙江农业职业技术学院）

任金立（黑龙江农业职业技术学院）

于洪明（黑龙江护苗农业科技开发有限公司）

审　稿　王立学（黑龙江省依兰县农业技术推广中心）

前言

党的二十大报告指出，实施科教兴国战略，强化现代化建设人才支撑。教材是培养人才的关键。本教材遵循国务院印发的《国家职业教育改革实施方案》(国发〔2019〕4号)文件，认真贯彻教育部办公厅印发的《“十四五”职业教育教材建设实施方案》(教职成厅〔2021〕3号)等文件精神，根据教学对象的培养目标，力求做到知识深浅适度、实用够用、重点突出、综合性强，突出科学性、实践性和针对性的特点，尽可能满足高等职业教育的教学需要。

《农业技术推广》作为植物生产类专业拓展教材，构思新颖，内容丰富，结构合理，以学习项目实施为主线，物化了本门课程历年来相关职业院校教育教学改革中所取得的成果，同时统筹兼顾高等职业教育的学习特点。

《农业技术推广》教材重点介绍了农业技术推广概述、农业创新采用与扩散、农业生产者的行为改变、农业技术推广程序与方法、项目选择与实施、培训与咨询、试验与示范、信息与服务、组织与人员、写作与演讲、工作评价及研究与方法等内容。本教材根据模块项目驱动式教学的需要，以引导学生主动学习为目的，进行体例架构设计，项目中加入多媒体拓展知识内容，以适应高等职业院校课程教学改革的需要，满足相关行业和岗位对人才的需求。本教材内容深入浅出、通俗易懂，具有很强的针对性和实用性。

本教材由黑龙江农业职业技术学院任学坤、赵姝担任主编，黑龙江农业职业技术学院宫绍斌和孙雪、黑龙江省农垦科学院水稻研究所萧长亮、河南农业职业学院谢玉明、潍坊职业学院张宛玉担任副主编，黑龙江农业职业技术学院的张亚龙、姚文秋、高长鹤、任金立，黑龙江护苗农业科技开发有限公司于洪明参与编写。编写分工为：任学坤负责编写模块四、模块六、模块九、模块十和模块十二；赵姝负责编写模块一、模块七；宫绍斌、谢玉明负责编写模块三；孙雪负责编写模块五；萧长亮、张宛玉负责编写模块二；张亚龙、姚文秋负责编写模块八；高长鹤、任金立、于洪明负责编写模块十一。全书由任学坤统稿，王立学审稿。本教材中许多图表参考了相关著作和教材，在此一并表示衷心感谢。

由于编者水平有限，加之时间仓促，教材中难免存在不同程度和不同形式的不妥之处，衷心希望广大读者及时发现并提出宝贵意见，以便修订和完善，进一步提高教材质量。

编　者

2023年12月

目　录

模块一
农业技术推广概述

【知识目标】

通过本模块学习，理解农业技术推广的含义、作用和功能，了解农业技术推广的发展历程，理解农业技术推广的特点。

【能力目标】

能够阐述农业技术推广的主要作用，能够树立全心全意做好农业技术推广工作的意识。

项目一　农业技术推广的概念与功能

一、农业技术推广的概念

农业技术推广活动是伴随着农业生产活动而发生、发展起来的一项专门活动。随着农业技术推广活动的逐渐深入，农业技术推广已成为农业和农村发展服务的一项社会事业。由于不同国家政治、经济、文化的差别，农业和农村发展各阶段农业生产力发展水平的不同，农业技术推广活动的内容、形式、方法也有较大的差异。农业技术推广活动有着悠久的历史和演变过程，但用科学的方法来研究它，只是近百年的事。如今，农业技术推广已作为一个行业应运而生。

农业技术推广是人类进入农业社会就开始出现的一种社会活动。我国古代把农业技术推广称为“教稼”“劝农”“课桑”。我国“农业技术推广”一词的应用，始于 20 世纪 30 年代，1949 年后正式使用“农业技术推广”一词。农业技术推广有狭义和广义之分。

二维码 1-1　农业现代化发展趋势

（一）狭义的概念

狭义农业技术推广的主要特征是技术指导，是指对农事生产的指导，即把大学和科研机构的科学研究成果，通过适当的方式介绍给农民，使农民获得新的知识和技能，并且在生产中应用，从而提高产量、增加收入。它是以指导性农业技术推广为主线，以“创新扩散”理论为基础，以种植业的产中服务为主要内容的推广。

(二)广义的概念

广义农业技术推广的主要特征是教育,是指除单纯推广农业技术外,还包括教育农民、组织农民、培养农民义务领袖及改善农民实际生活质量等方面。因此广义的农业技术推广是以农村为社会范围,以农民为对象,以家庭农场或农家为中心,以农民实际需要为内容,以改善农民生活质量为最终目标的农村社会教育。是以教育性推广为主线,以行为科学为主要理论基础的推广。

《中华人民共和国农业技术推广法》对农业技术推广的定义是,"农业技术推广是指通过试验、示范、培训、指导以及咨询服务等,把应用于种植业、林业、畜牧业、渔业的科技成果和实用技术普及应用于农业生产的产前、产中、产后全过程的活动"。概念中的科技成果和实用技术包括良种繁育、施用肥料、病虫害防治、栽培和养殖技术,农副产品加工、保鲜、贮运技术,农业机械技术和农用航空技术,农田水利、土壤改良与水土保持技术,农村供水、农村能源利用和农业环境保护技术,农业气象技术以及农业经营管理技术等。

在进行农业技术推广活动时应当遵循以下原则。

(1)有利于农业的发展。

(2)尊重农业劳动者的意愿。

(3)因地制宜,经过试验、示范。

(4)国家、农村集体经济组织扶持。

(5)实行科研单位、有关学校、推广机构与群众科技组织、科研人员、农业劳动者相结合。

(6)讲求农业生产的经济效益、生态效益和社会效益。

二、农业技术推广的功能

农业技术推广的功能可以从不同的视角来理解。例如,从推广教育的视角,可以分为个体功能和社会功能,前者是在推广教育活动内部发生的,也称为推广教育的本体功能或固有功能,指教育对人的发展功能,是对个体身心发展产生作用和影响的能力,这是教育的本质体现;后者是推广教育的本体功能在社会结构中的衍生,是推广教育的派生功能,指教育对社会发展的影响和作用,特别是对社会政治、经济、科技与文化等方面产生的作用和影响的能力。

(一)直接功能

1.增进推广对象的基本知识与信息

农业技术推广工作旨在开发人力资源。知识和信息的传播为推广对象提供了良好的非正式校外教育机会,这在某种意义上讲就是把"大学"带给了人民。

2.提高务农人员的生产技术水平

这是传统农业技术推广的主要功能。通过传播和教育过程,农业技术创新得到扩散,农村劳动力的农业生产技术和经营管理水平得到提高,从而增强了农民的职业工作能力,使农民能够随着现代科学技术的发展而获得满意的农业生产或经营成果。

3.提高推广对象的生活技能

农业技术推广工作内容还涉及家庭生活咨询。因此,通过教育和传播方法,农业技术推广工作可针对农村老人、妇女、青少年等不同对象提供相应的咨询服务,从而提高农村居民适应社会变革以及现代生活的能力。

4.改变推广对象的价值观念、态度和行为

农业技术推广工作通过行为层面的改变使人的行为发生改变。农业技术推广教育、咨询活动引导农村居民学习现代社会的价值观念、态度和行为方式,这使农民在观念上适应现代社会生活的变迁。

5.增强推广对象的自我组织与决策能力

农业技术推广工作要运用参与式原理激发推广对象自主、自力与自助的能力。通过传播信息与组织、教育、咨询等活动,使推广对象在面临各项问题时,能有效地选择行动方案,从而缓和或解决问题。推广对象参与农业技术推广计划的制订、实施和评价,必然要提高其组织与决策能力。

(二)间接功能

1.促进农业科技成果转化

农业技术推广工作具有传播农业技术创新的作用。农业科技成果只有被用户采用后才有可能转化为现实的生产力,对经济增长起到促进作用。在农业技术创新及科技进步系统中,农业技术推广是一个极其重要的环节。

2.提高农业生产与经营效率

农业技术推广工作具有提高农业综合发展水平的作用。农民在改变知识、信息、技能和资源条件以后,可以提高农业生产的投入产出效率。一般认为,农业发展包括的主要因素有研究、教育、推广、供应、生产、市场及政府干预等,农业技术推广是农业发展的促进因素,是改变农业生产力的重要工具。

3.改善农村社区生活环境及生活质量

农业技术推广工作具有提高农村综合发展水平的作用。在农村发展活动中,通过教育、传播和咨询等工作方式,可以提高农村人口对生活环境及质量的认识和期望水平,进而引导人们参与社区改善活动,发展农村文化娱乐事业和完善各项基础服务设施,以获得更高水平的农村环境景观和生活内涵,同时促进社会公平与民主意识的形成。

4.优化农业与农村生态条件

农业技术推广工作具有促进农村可持续发展的作用。通过农业技术推广工作,可以改变农业生产者乃至整个农村居民对农业生态的认识,使其了解农业对生态环境所产生的影响,树立科学的环境生态观念,实现人口、经济、社会、资源和环境的协调发展,既达到发展经济的目的,又可以保护人类赖以生存的自然资源和环境,使子孙后代能够永续发展和安居乐业。

5.促进农村组织发展

农业技术推广工作具有发展社会意识、领导才能及社会行动的效果。通过不同的工作方式,推广人员可以协助农民形成各种自主性团体与组织,凝聚农民的资源和力量,发挥农民的组织影响力。

6.执行国家的农业计划、方针与政策

农业技术推广工作具有传递服务的作用。在很多国家和地区，农业技术推广工作系统是农业行政体系的一个重要组成部分，通常被用来执行政府的部分农业或农村发展计划、方针与政策，以确保国家农业或农村发展目标的实现。

7.增进全民福利

农业技术推广工作的服务对象极其广泛，通过教育与传播手段普及涉农知识、技术与信息，可以实现用知识替代资源、以福利增进为导向的发展目标。

项目二　农业技术推广的性质与作用

一、农业技术推广的性质

农业技术推广的内涵受时间、地点等条件的制约，随社会、经济、科技的历史发展而演进。作为一种社会现象，农业技术推广的基本性质始终没有改变，即农业技术推广的教育性。

1.狭义农业技术推广的教育性

狭义的农业技术推广，一般都强调改进技术，将适用的农业科技成果和增产经验通过各种方式、方法向农民传播，指导农民懂得和应用这些科技知识和生产经验提高农业生产水平。在这种农业技术推广过程中，农民接受了新的技术知识，提高了农业科学技术水平，增加了农业生产或改善了农产品质量。因此，尽管狭义农业技术推广的业务内容是农业技术性的，但其本质是面向农民的一种社会性的农业职业技术教育。这种教育同其他教育功能一样，直接的社会功能是提高受教育者的素质。

2.广义农业技术推广的教育性

广义的农业技术推广不只是对农民施加技术教育，同时涉及一切与农业经营和农民生活有关的事项。1949年，布鲁奈(E. Brunner)和杨寻宝合著的《美国乡村与推广服务》一书中提出“农业不仅是一种职业，而且是一种文明”，应该把农业技术推广视为文化指导工作。1949年，被称为农业技术推广之父的凯尔塞和赫尔(Kelsey & Hearne)在二人合著的《合作农业技术推广工作》一书中提出“农业技术推广的基本目的是启发人民，供给符合人民需要的服务和教育”。在经济发达的国家，农业技术推广是作为发展农村经济、文化的社会性教育，通常是有组织、有计划地进行的。内容包括成年农民的农事教育、农村妇女的家政教育和青少年的“四健”教育等。这些教育的重点是培养个人和社会团体的发展能力，因而是以社区开发为目标的农村社会教育。

3.现代农业技术推广的教育性

发达国家的农业技术推广，是利用现代化的技术、传播手段，进行信息传播和教育相结合的动态过程。通过发行农业出版物，建立农业咨询信息系统，广泛利用视听传播手段、电脑推荐、自动查询电话等向农民提供信息咨询服务和传授技术。现代农业技术推广通过情报和信息的传播对农民施加影响，促使农民产生新的动机，改变态度，更新知识，科学决策，接受和消化技术，最后改变行为。一些国家目前把现代农业技术推广视为“行为科学的一种”，认为这是一种“更着重于农民心理素质和行为改变的社会教育”。

二、农业技术推广的作用

1. 开展农村教育

农业技术推广的性质是教育性，通过农业技术推广活动，实现对广大农民生产与生活的职业教育。这种教育从对象和内容上看不同于学校教育和工厂职业教育，农业技术推广的教育形式与方法、教育内容与原则完全能够体现因地制宜、密切结合当地农民实际需要的特点，使农民在农业生产实践过程和生活过程中通过边学边做，达到满足各种情况的学习要求，并实现提高农民素质，包括文化与科技知识以及心理与行为特点等方面的社会教育目的，这也是世界各国在农业现代化过程中大力发展农业技术推广教育的一个重要原因。

2. 农业技术推广是农业科研部门与农民之间联系的纽带

农业科技工作包括科研和推广两个重要组成部分，科学研究是农业科技进步的开拓者，无疑是很重要的，但科学研究对农业发展的作用，不是表现在新的科研成果创新之日，而是在科研成果应用于生产带来巨大的经济效益和社会效益之时。这就是说，科研成果在农业生产中的实际应用，必须通过农业技术推广才能得以实现。通过农业技术推广能够不断把研究机构研究出来的新成果、新技术、新方法、新知识向广大农村传播，扩散给农民，让他们采纳，并在生产上应用，从而达到发展农业生产，增加经济效益的效果。同时，农业技术推广人员能够更加了解当地的生产环境、农业生态条件，可以及时地有针对性地引进适合当地农民需要的农业科技成果，从而使当地的农业科技得到开发与发展，经济获得增长，农村科技有新的开拓与突破，经济发展水平明显提高。如果没有这个中介与纽带，再好的科研成果只能束之高阁，不能转化为现实的农业生产力。同时，农业技术推广是检验科研成果好坏的标准，科研成果的最终应用要通过农民的实践，检验其能否解决特定的农业生产问题并反馈到农业研究机构和院校。

3. 农业技术推广是农业科技成果的继续和再创新

新技术的研究者不能把技术成果立即广泛投入生产，因为这些成果大多数是在实验条件下取得的。将它们直接用于农业生产存在不确定性。一是农业科研成果是在特定的生产条件和技术条件下产生的，只适用于一定的范围；二是农业生产条件的复杂性和不同地区经济状况、文化、技术水平的差异都对科技成果具有强烈的选择性，这就要求在实现科技成果转化过程中，必须包括试验、培训、推广各个环节，并进行组装配套，以适应当地生产条件和农民的接受能力。这一过程，是农业技术推广工作者对原有成果进行艰苦的脑力劳动和体力劳动的继续。它不是农业技术推广工作者对原有成果的复制，而是在原有成果基础上的再创新。

4. 农业技术推广是完善推广组织、提高管理效率的工具

任何成功的农业技术推广活动，都必须通过一定形式的组织或团体来实现，无论是政府的农业技术推广机构还是民间的农业技术推广组织，对于培养新型高素质农民、发挥农村力量和互助合作力量、保护农民利益以及发展一个农村社区，都能起到促进和发挥其功能的作用，这种组织或团体是实现农业技术推广目标最有力的工具。

由此可见，没有发达的农业技术推广就没有发达的农业，也就没有富裕的农民和繁荣的农村，这就充分说明了农业技术推广对农业和农村发展的重要作用。

项目三　农业技术推广的发展历程

一、技术转移模式与进步农民策略

早期农业技术推广是推广工作者与农民简单的技术传输关系。推广工作被看成是一种简单的干预手段，重点在“推广方法”上，即怎样通过有效的示范、培训、宣传及大众媒介等手段达到推广的目的。

早期农业技术推广的“技术传输”，注重技术在传输中的地位和作用，如植保技术、土肥技术、种植技术等，针对农业生产中发生的问题，寻找能够解决问题的能力和方法。但是，早期农业技术推广的“技术传输”忽视了农业技术推广的本质，忽视了农民在“技术传输”中的地位和作用。农民的地位和作用绝不应该只是技术的被动接受者，不应该只作为“技术传输”环节中的劳动力和工具，而应该作为技术决策和应用的主体和技术扩散者。

早期农业技术推广的“技术传输”存在着推广信息或方法与农民或农民群体的适应性问题。如果推广信息是正确的，当把信息传输给农民，农民要么反对变革，要么缺乏变革的资源条件。问题的焦点在于采用的推广方法或知识投入是否适合选定的目标客户或群体的需求，为此，农业技术推广实践提出：推广过程应该是双向沟通的过程。

进入20世纪70年代，推广理论由“技术传输”发展到自上而下和自下而上相结合的双向沟通阶段。双向沟通被看作是推广过程中的基本要素，并成为推广模式的核心，同时应用于发展农业技术推广内容和技术传输方法的研究中。20世纪80年代，美国斯坦福大学教授罗杰斯在研究和总结瑞安和格鲁斯“采用过程”的基础上，创造性地提出了“创新扩散”理论及所导致的农村进行新技术普及工作及工作模式，即进步农民策略。“创新扩散”理论已成为农业技术推广理论的核心部分。理论认为：将信息或新技术首先传输给采用群体中的“进步农民”或称“先驱者”，在他们的影响和带动下产生“早期采用者”“早期多数”“晚期多数”和“落后者”。

二、“用户导向式”推广模式与目标群体策略

以采用者群体同质性为基础的进步农民策略为农业技术推广理论的发展做出了贡献。然而，创新扩散理论的研究中，只谈到采用者群体，而在推广过程的实践中存在着不同群体的目标。为此，推广过程中，很容易忽视那些要帮助而又难以得到帮助的农民，这就对农业技术推广提出这样一个问题：如何对待不同采用者群体的目标。因为，农民作为一个类群，在心理特征、年龄组合、小组行为规范、获得资源的能力及获得信息的能力等方面都存在着差别。因此，他们并不是一群同样的人口，这也说明他们并不属于对新技术适合的人群。这种将农民视为异质性人口，然后在异质性人口中确定同质类群作为推广目标对象的确定方法，是沟通学中接受者研究的范例。农业技术推广理论的发展由双向沟通的理论进入同质类群向异质类群的转变，可概括为“用户导向式”推广模式，即“农业技术推广框架理论模型”。

三、农业知识与信息系统及其他相关理论

“用户导向式”推广模式是指推广目标要面向那些在资源、生产目的和机会方面相同的农

民，这就在推广过程中引进了目标团体（农民）所包含的目标和内容的含义，不仅推广方法要适应目标团体，推广信息的内容也要适应目标团体。这就意味着，推广过程还应包括产生这些信息内容和研究活动计划都应以有关目标团体的信息为基础，这就要求农业研究者要有计划、有目的地认真设计他们的农业科研成果来适应所指定的目标团体。为此，研究、推广和目标团体应被视为一个系统内的连锁因素，形成了研究亚系统、推广亚系统和用户亚系统这样一个相互作用、相互联系的农业知识和信息系统。三者的联系机制是信息沟通，农业技术推广理论发展到这个阶段，已经达到了需要将推广看作是信息与知识系统的一个部分。

随着人口、技术、经济、生态和社会文化发生巨大变革，人类进入了一个科学技术高速发展的社会，农业技术推广结构也随之发生变化，与农业技术推广理论发展有关的另一个重要理论是农业发展要素“混合体”的发现，即农业技术推广并不是促进农业发展的唯一因素，除去农业技术推广之外，还有研究农民的地位和积极性，农业投入的供应、价格、市场、信贷、营销、教育及其他可用资源的占有和其他支持服务系统的组成成分。

从上述农业技术推广实践和理论的发展可以看出，农业技术推广有其自身的理论和体系，如“技术传输”理论、“双向沟通”理论、“创新扩散”理论、“目标团体”理论、“农业知识与信息系统”理论、“混合体”理论及“农业技术推广框架”理论。

二维码 1-2　农业技术推广发展的基本趋势

模块小结

农业技术推广是伴随农业生产活动而发生、发展起来的一项专门活动，随着农业技术推广活动的逐渐深入，农业技术推广变成为农业和农村发展服务的一项社会事业。由于各国社会政治、经济、文化发展的差异，农业和农村发展各阶段生产力发展水平的不同，农业技术推广活动的内容、形式、方法也有很大的差别。然而，追溯其本质，都是以推广为动力来改变农民的行为，促进农业和农村发展的过程。农业技术推广活动有着悠久的历史和演变过程，但用科学的方法来研究它，并使其发展走上科学轨道，只是近百年的事。农业技术推广研究的重点是“以人为本”，因此未来对目标群体的研究将会置于咨询者、受教育者、经营管理者和农业创新消费者等多元位置，以便更加深入地研究和探讨农业技术推广运行机制中更深层次的问题。

模块巩固

1. 什么是农业技术推广？农业技术推广活动有哪些特点？
2. 农业技术推广的作用体现在哪些方面？
3. 农业技术推广的教育性内容有哪些？
4. 怎样理解农业技术推广的功能？
5. 农业技术推广与我国的现代化建设有怎样的关系？

模块二
农业创新采用与扩散

【知识目标】

通过本模块学习，熟悉创新的含义和特征，掌握创新扩散的基本原理，认识和理解农民在创新采用过程中不同阶段的心理特点，掌握影响农业创新采用与扩散的因素。

【能力目标】

能够解释农民对农业创新的采用过程，能够根据农民在创新采用过程中的心理特点，正确选择推广方法。

项目一　农业创新采用

农业技术推广过程就是在农技人员与农民的共同活动中采用农业创新的过程。在这一过程中，既有农技人员的主导作用，又有农民的主体作用。农业创新采用的早晚、快慢和效率高低，既受创新本身特点制约，也受农民素质影响。认识和掌握农业创新采用扩散规律，对提高推广工作效率有重要作用。

一、创新的含义和特性

1. 创新的含义

著名经济学家约瑟夫・阿洛伊斯・熊彼特在其所著《资本主义、社会主义和民主》一书中提出，创新就是建立一种新的生产函数，生产函数即生产要素的一种组合比率。创新就是将一种从来没有过的生产要素和生产条件的新组合引入生产体系。埃弗雷特・罗杰斯认为，创新是一种被个人或其他采用单位视为新颖的观念、实践或事物。

创新的 5 种存在形式包括：

(1)引进新产品或提供一种产品的新质量。

(2)采用新技术或新生产方法。

(3)开辟新市场。

(4)获得原材料的新来源。

(5)实现企业组织的新形式。

概括地说，只要有助于解决问题，与农民生产和生活有关的各种实用技术、知识和信息都可以理解为创新。农业创新就是应用于农业领域各方面的新成果、新技术、新知识及新信息的统称。

2. 创新的特性

(1)相对优越性　相对优越性是指人们认为某项创新比被其所取代的原有创新优越的程度。相对优越性常用经济获利性表示,也可以用社会方面或其他方面的指标来说明。至于某项创新哪个方面的相对优势最重要,不仅取决于潜在采用者的特征,还取决于创新本身的性质。

(2)一致性　一致性是指人们认为某项创新同现行的价值观念、以往的经验以及潜在采用者的需要相适应的程度。某项创新的适应程度越高,意味着对潜在采用者的不确定性越小。

(3)复杂性　复杂性是指人们认为某项创新理解和使用起来相对困难的程度。有些创新的实施需要复杂的知识和技术,有些则不然。

(4)可试验性　可试验性是指某项创新可以小规模被试验的程度。采用者倾向于接受已经进行了小规模试验的创新,因为直接的大规模采用有较大的不确定性,因而有很大的风险。

(5)可观察性　可观察性是指某项创新的成果对其他人而言已达到显而易见的程度。在扩散研究中,大多数创新都是技术创新。技术通常包括硬件和软件两个方面。一般而言,技术创新的软件成果不容易被观察,所以某项创新的软件成分越大,其可观察性就越差,采用率就越低。

二、农民对创新的采用过程

农民对农业创新的采用过程是指农民从获得农业创新信息到最终采用的心理、行为变化的过程。农民采用农业创新的过程可分为 5 个阶段。

1. 认识阶段

认识阶段也称为感知阶段。农民通过各种途径获得信息,这些信息既包括物质形态的技术,如新品种、新农具、新肥料、新农药等;也包括非物质形态的技术,如栽培技术、饲养管理技术等,并与本身的生产发展和生活需要相联系,从总体上初步了解某项创新。

2. 兴趣阶段

农民在初步认识到某项创新可能会给他带来一定好处的时候,其行为就会发展到感兴趣。这时农民对创新的方法和效果,表现出极大的关心和浓厚的兴趣,开始出现学习行为;并初步考虑采用的规模、投资的程度及承受风险的能力,初步做出是否试用的打算。如果不相信创新或条件不具备而不能采用创新,就不会对创新产生兴趣。

3. 评价阶段

农民根据以往资料和经验对该项创新的各种效果进行较为全面的评价。农民在这一阶段的心理状态是没有把握,想试验一下或观察其他农民试用创新的情况,会表现出犹豫不决的状态。农民在邻居、朋友或推广人员的协助下进行评价,得出肯定或否定的结论。

4. 试用阶段

试用阶段也称为尝试阶段。为了减少投资风险,防止盲目应用,估计效益高低,农民在正式采用之前要先进行小规模采用(试用),为今后大规模采用做准备。在这一阶段,农民期望试用成功，当试用中出现问题时需要技术人员帮助及时解决，农民一旦取得成功经验和掌握了技术，就会确信创新是可以采用的。

5. 采用（或拒绝）阶段

采用（或拒绝）阶段也称为接受（或放弃）阶段。农民通过试用评价做出是否采用的决策，如果该项创新较为理想，农民便根据自己的财力、物力等状况，决定采用的规模，正式实施创新。如果试用失败或采用能力、条件不具备，便会放弃创新。

二维码 2-1 创新决策过程

三、采用者的类型及其分布规律

农业创新采用的 5 个阶段，是指农民个人对某项创新的采用过程而言，但对于不同个体来说，即使对于同一项创新，开始采用的时间也是有先有后的。有的是从获得信息不久就决定采用，有的则要经过若干年后才能采用。

1. 采用者的类型

观察农民采用玉米杂交种这项创新过程，通过研究开始采用的时间与采用者人数之间的关系，发现两者的关系曲线呈正态分布（图 2-1），同时计算出了不同时间的采用者人数的比例，并根据采用时间早晚，把采用者划分为 5 种类型。第 1 种类型称为创新者（或先驱者）；第 2 种类型称为早期采用者；第 3 种类型称为早期多数；第 4 种类型称为晚期多数；第 5 种类型称为落后者。

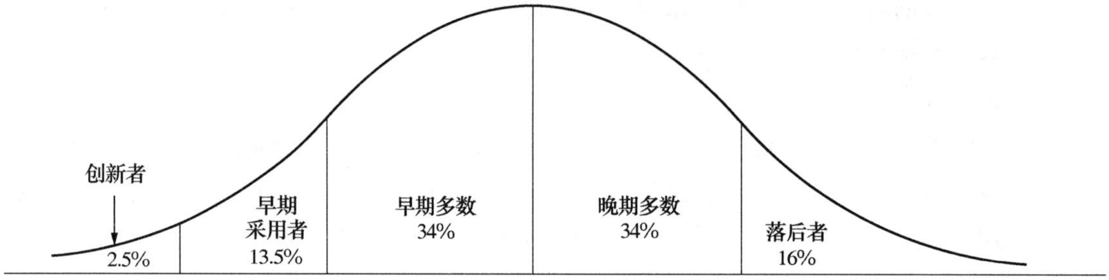

图 2-1 采用者的类型及分布

2. 采用者的分布规律

当一项农业创新出台后，总是先有少数人试着采用，以后逐渐才有更多的人愿意接受这项创新，在心理性格上把那些最早采用创新的人称为创新者。因为他们具有冒险及创新精神，承担着较大的风险，一旦采用成功就会优先受益。当该项创新继续被较多的人采用时，称这些人为早期采用者。如果继续被更多的人仿效采用，根据采用时间的早晚把他们分别称为早期多数及晚期多数。把最后才接受创新和拒绝接受创新的人称为落后者。

图 2-1 只是一个理论模型，说明了创新采用者人数结构的一般规律，并非每项创新都按照上述比例对采用者进行分类。由于不同创新的内容不同，农民对其要求的迫切性及经营条件、技术条件、社会条件等不同，对采用者的心理状态也会有不同的影响。因此，应用这一模型时必须结合实际，不能生搬硬套。

四、信息来源对创新采用的影响

农业技术推广中不同来源的信息具有不同的特点和功能，采用过程中不同阶段对农民的作用和影响是不同的。

1. 认识阶段

由于多数农民受教育程度不高，一般尚未形成从大众媒介获得信息的习惯，只是把它作为欣赏性媒介，其教育性价值尚未引起足够重视。但从大众媒介获取信息的机会要比其他阶段高。从信息来源上看，邻居、朋友是农民获取信息的主要渠道，其次是小组接触和个别接触。

2. 兴趣阶段

此阶段的信息常来自邻居、朋友，大众媒介的作用已被邻居、朋友及小组接触进一步代替。

3. 评价阶段

邻居、朋友及小组接触的影响最大，这说明本阶段个人交流对评价决策具有重要影响。

4. 采用阶段

个别接触作用最大，其次是邻居、朋友、小组接触，同时商业信息地位有所上升，因为采用阶段必须有一定的物资配套，农民还要根据自己的经验来决定是否采用。

五、采用过程推广方法的选择

在创新采用的不同阶段，推广工作的重点不同，所采用的方法也不同。一般情况下，每个阶段都需要给农民一定的指导。但在某些情况下则不一定都做，可能集中做好一两个阶段的指导就够了。同时还要研究各阶段常用、有效的方法。

1. 未推广过的技术

假如某种作物或品种过去从未在本地区种植过，经过试种后发现能适应当地条件，这种情况下，推广人员首先要帮助农民充分认识、了解该作物或品种的特点和优越性，通过大众媒介向农民提供这些方面的信息；同时，可以进行巡回访问，与农民个别交谈，组织参观或进行成果示范，使农民发生兴趣，并帮他们试种、评价。

2. 已推广的技术

假设某个玉米单交种曾经在当地种植过，并已有不少农民采用了这个品种，但其他农民仍没有采用，这就要仔细分析这些人为什么不采用？如果是大家愿意种，但种子供不应求，只要解决种子供应问题就可以了；如果是人们对它的效益仍有怀疑，这时就要把注意力放在引导这些人进行试种并协助他们搞好评价上。总之，要分析推不开的原因，是认识问题，还是技术问题或者是支农服务问题。根据问题的性质分别采取个别访问、技术指导或与其他服务部门配合工作，问题就不难解决。

3. 不同阶段采用不同的方法

不同的推广方法在采用过程中要灵活应用，在不同阶段采用适合本阶段最有效的方法。

（1）认识阶段　大众传播是本阶段最常用的方法。可以通过广播、电视、网络、报纸、简报、成果示范、展览会和组织参观等方法，尽快地让更多的农民知道，加深认识和印象。

（2）兴趣阶段　农民发生兴趣的信息不一定都来自大众传播，也可能来自其他渠道。成果示范和个别访问是帮助农民增强兴趣的有效方法。

(3)评价阶段　农民对创新有了初步了解后，是否采用尚在犹豫之中，应尽可能为农民提供先期试验结果和组织参观，协助他们正确进行评价，促使他们尽快做出决策。以小组讨论效果较好，集中大家的智慧和经验，以增强信心，促进其采用。

(4)试用阶段　推广机构应鼓励农民做试验，以验证原来的试验结果，使该结果更可靠，农民更放心。也要注意使用方法示范，加强对农民试验的指导，避免发生人为的试验偏差，提高试验准确性。

(5)采用阶段　宜采用方法示范和技术指导为主的方法，同时提供配套的服务。

4.从当地实际出发选择推广方法

选择推广方法时，要结合当时当地具体条件和农民的实际情况。例如，大众传播在那些广播、电视信号不好的地区就很难奏效，应改为巡回访问，进行广泛宣传。

5.根据不同农民的接受速度分别进行指导

不同农民在采用过程中，不同阶段的进展速度不同，有些农民对某些创新渴望已久，知道有此信息就会马上准备试验；而有些农民则要深思熟虑，权衡利弊；也有些农民则长时间无动于衷。要根据他们各自的接受速度，分别进行指导。

项目二　农业创新扩散

创新的扩散是指一项创新由最初采用者或采用地区向外扩散，扩散到更多的采用者或采用地区，使创新得以普及应用的过程。这种扩散可以是由少数人向多数人的扩散，也可以是由一个单位或地区向更多的单位或地区的扩散。研究农业创新扩散规律，对提高推广工作效率具有重要意义。

一、农业创新扩散方式

农业创新的扩散方式是多种多样的，在不同的农业历史发展阶段，由于生产力水平、社会及经济技术条件，特别是扩散手段的不同，创新扩散方式分为多种方式。

1.传习式扩散

主要采取口授身教、家传户习的方式，由父传子、子传孙，子子孙孙代代相传，连续不断，使创新逐渐扩散到一个家族、若干山寨、一群村落。这种扩散方式在原始农业社会阶段最为普遍，生产力水平低下，科学文化落后，所以主要采用此种方式。由于是代代连续不断往下传，故又叫世袭式扩散。创新经扩散后几乎没有发生变化或只有微小的变化。

2.接力式扩散

在技术保密或技术封锁的条件下，创新的扩散有严格的选择性与范围。在传统农业社会，一些技术秘方，以师父带徒弟的方式往下传，如同接力赛一样。这种扩散方式，虽然也是代代相传，但呈单线状，不是辐射状，故又称之为单线式扩散。

3.波浪式扩散

由科技成果中心将创新成果呈波浪式向四周辐射、扩散，一层一层向周围扩展。这种情形可用“一石激起千层浪”来描述，故又称为辐射式扩散。我们平常所说的“以点带面”“点燃一盏灯，照亮一大片”指的就是这种方式，这是当代农业技术推广普遍采用的方式。其特点是辐射力与距科技成果中心的距离成反比，即距中心越近的地方，越容易也越早获得创新成果，而距中心越远的地方，则越不容易得到或很晚才能得到创新成果。长此以往，就出现了边远地区技术落后现象。

4.跳跃式扩散

在市场经济条件下，竞争激烈、信息灵通、交通便利、扩散手段先进、创新的转移与扩散常常呈跳跃式发展，即科技成果中心一旦有新的成果和技术，不一定总是按常规顺序向四周逐层扩散，而是打破了时间上的先后顺序和地域上的远近界限，直接在同一时间内引进到不同地区。例如，地膜覆盖技术从日本引入我国后，可以直接引进到不同类型地区进行扩散。这种扩散方式，可以使创新发生飞跃变化，所以又称之为飞跃式扩散。随着扩散手段现代化程度的不断提高，这种方式将得到广泛应用。

二、农业创新扩散过程

农业创新扩散过程是指在一个农业社会系统内人与人之间创新采用行为的扩散过程，即由少数人的采用，发展到多数人的广泛采用。这一过程是创新在农民群体中的扩散过程，也是农民的心理、行为变化的过程，是“动力”与“阻力”相互作用的过程。当动力大于阻力时，创新就会扩散。研究表明，典型的创新扩散过程具有明显的规律可循(图 2-2)。

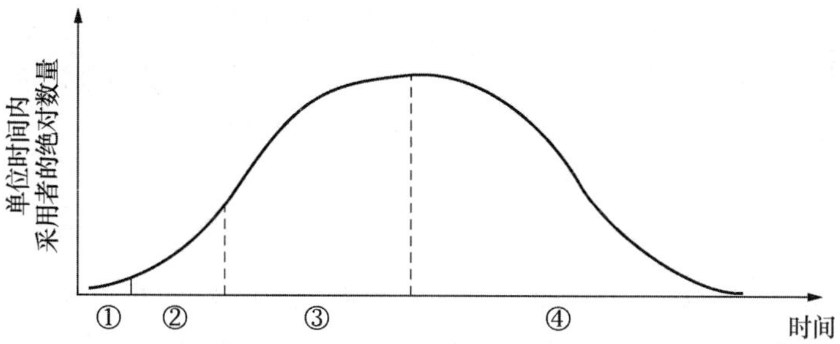

图 2-2　农业创新扩散过程

①突破阶段　②紧要阶段　③跟随阶段　④从众阶段

1.突破阶段

农村社区中的创新者(如科技示范户、科技带头人等)与一般农民相比，科学文化素质较高，与外界联系较广，生产经营条件较好。同时，他们信息灵通、思维敏捷、富于创新、勇于改革。他们认识到要发展生产，改善生活，增加对社会和国家的贡献，就必须改革落后的技术和经营方式，这就需要激发起他们参与改革的动机，这种动机是一种驱动力，促使他们对采用农业创新跃跃欲试。在采用创新的起步阶段，他们还要克服来自各方面的阻力，如传统观念的舆论压力，旁观者的冷嘲热讽以及万一失败引起的经济损失等。他们还必须付出大量心血和劳动来进行各种试验、评价工作。一旦试验成功，将以令人信服的成果证明创新可以在当地应用，而且效果较好的时候，就实现了突破，突破阶段是创新扩散必不可少的第一步。

2.紧要阶段

紧要阶段是创新能否进一步扩散的关键阶段。这个阶段的特点是人们都在等待创新的试用结果，如果确实能产生良好的效益，这项创新就会得到更多人的认可，引起人们高度重视，扩散就会以较快的速度进行。紧要阶段实际上就是创新成果由创新者向早期采用者进行扩散的过程。早期采用者可以说是农村社区中的潜在改革者，这些人有较强的改革意识，他们也非常愿意接受新技术，只不过不愿意“冒险”，比创新者更稳妥一点。这些人对创新者的行动比较感兴趣，经常观察、寻找机会了解创新试验的进展情况，也从各方面征询人们对创新的看法，一旦信服他们会很快决策，紧随创新者积极采用创新。

3. 跟随阶段

当创新的效果明显时，除了创新者和早期采用者继续采用外，被称为早期多数的这部分农民认为创新有利可图，也会积极采用。这些人刚开始可能不理解创新，一旦发现创新成功，他们会以极大的热情主动采用，所以此阶段又叫自我推动阶段。

4. 从众阶段

当创新的扩散已形成一股势不可挡的潮流时，个人几乎不需要其他驱动力，被生活所在的群体推动即可，被动地“随波逐流”，使得创新在整个社会系统中广泛普及采用，这类群体通常被称为“晚期多数”及“落后者”。在农业创新扩散过程的速率曲线上，此阶段的扩散速率呈不断减小趋势，故又称为浪峰减退阶段。

以上阶段的提法是根据研究结果人为划分的，实际上每项具体的创新扩散过程除基本遵循上述扩散规律外，还具有各自的扩散特点。另外，不同扩散阶段与不同采用者之间的关系也不是固定不变的，应具体问题具体分析。农业技术推广人员应研究掌握创新扩散过程及其规律，在不同阶段采用不同扩散手段，对不同类型的采用者运用不同的沟通方法，提高农业创新的扩散速度和增大扩散范围。

二维码 2-2　扩散曲线

模块小结

创新就是建立一种“新的生产函数”，即将一种从来没有过的生产要素和生产条件的“新组合”引入生产体系。创新具有相对优越性、一致性、复杂性、可试验性和可观察性 5 个特性。农民对农业创新的采用是一个过程，大致分为 5 个阶段，即认识阶段、兴趣阶段、评价阶段、试用阶段和采用阶段。根据对同一创新采用时间的早晚，采用者可以分为创新者、早期采用者、早期多数、晚期多数和落后者 5 种类型。创新的扩散是指一项创新由最初采用者或采用地区向外扩散，扩散到更多的采用者或采用地区，使创新得以普及应用的过程。一般包括传习式、接力式、波浪式和跳跃式 4 种扩散方式。典型的创新扩散过程包括突破阶段、紧要阶段、跟随阶段和从众阶段 4 个阶段。影响农业创新采用与扩散的因素有经营条件、农业创新技术特点和农民自身因素的影响。

模块巩固

1. 创新的特性有哪些？
2. 农民对创新的采用过程可分为哪几个阶段？
3. 农业创新扩散方式有哪些？
4. 影响农业创新采用与扩散的因素有哪些？

模块三
农业生产者的行为改变

【知识目标】

通过本模块学习，了解行为的概念和特点、行为的产生机理，理解行为改变的一般规律和群体成员的行为规律，掌握影响农民行为的方法。

【能力目标】

能够正确分析农民个人行为改变的动力和阻力的方法，能运用恰当的方式改变群体行为，提高改变农民行为。

项目一　行为发生理论

人都是在一定的自然和社会环境下生活和工作，其所作所为受生理和心理作用的影响。人在一定环境影响下所引起的生理、心理变化的外在反应称做行为。人的行为一般具有明确的目的性和倾向性，是人们思想、感情、动机、需求等因素的综合反映，这是人类所特有的社会活动方式。需要是生物自我生存和发展产生的需求，动机是心理指引行为要达到的目标，行为是人对外界刺激产生的积极反应。需要是动机产生的前提，动机是行为的导向，动机把需要行为化。

一、行为产生的机制

人的行为产生的原因或称结构系统的构成共有三种，即人的内在条件、外部条件和无意识。它们之间既相互独立又互相联系，并相互影响，与环境相互作用构成人的行为机制。所谓内在条件，是指人的内部的生理需要、心理需要和文化因素等；外部条件即外来的刺激因素，如群体压力、传统习俗、传统文化和价值观等。无意识，包括下意识和潜意识。下意识，是一种不知不觉、无意识的心理活动，它不能用言语表达；潜意识，指人体的本能欲望或本能冲动。

二维码 3-1　行为的特点

行为科学认为，任何行为都是为了实现人所计划的特定目标。实现特定目标的行为是由动机支配的，而动机则是由需要引起的。当一个目标实现之后，新的目标又会诱发新的需要。其中，行为者的需要是推动人的行为发生的原始心理动力。行为动机是推动行为产生的直接力量。行为目标是行为者在行为前和行为过程中所要达到的预期结果，它对行为者具有吸引拉动作用。需要、动机、行为和目标之间存在着密切的联系，行为理论中的行为发生过程如图3-1所示。

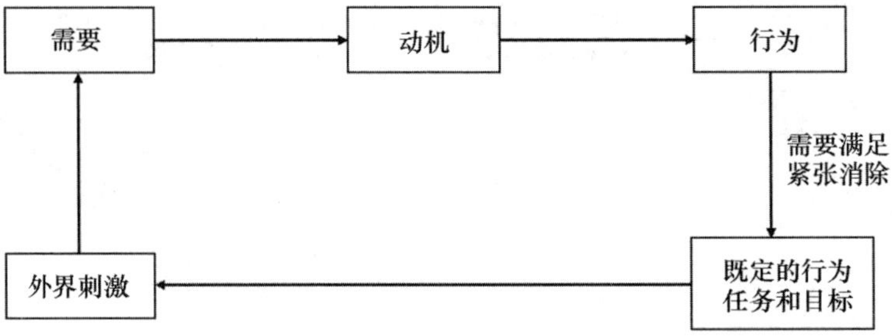

图3-1　行为发生过程图解

二、需要层次理论

所谓需要，是指人们对某种目标的渴求或欲望。人们生活在特定的自然及社会文化环境中，往往有各种各样的需要。一个人的行为，总是直接或间接、自觉或不自觉地为了实现某种需要的满足。

需要是个体行为和心理活动的根本动力，它在个体的行为、活动、心理过程和个性、倾向性方面起重要作用；需要是人的行为产生的心理原因，人的一切行为、活动，归根到底是由需要引发的，当个体某种需要没有得到满足时，就会促使人去从事满足需要的行动，从而产生相应的动机；需要是个体行为积极性的源泉，需求越强烈，由此引起的活动也就越有力，个体活动的积极性就会越高；需要是个体心理过程的内部动力，人们为了满足需要，必须对有关事物进行观察和思考，调节和控制个体认识过程的倾向性。

人们生活在一个特定的自然和社会文化环境中，往往有各种各样的需要。不同的人有着不同的需要，同一个人在不同的阶段也有不同的需要。总体来看，人的需要是多方面、多层次的。美国心理学家亚伯拉罕•马斯洛的需要层次论被认为是需要与行为分析中的经典理论。这一理论把人类需要划分为5个层次，认为人类的需要是以层次的形式出现的，按其重要性和发生先后顺序，由低级向高级呈阶梯状排列，即"生理需要→安全需要→社会需要→尊重需要→自我实现需要"。这种需要层次理论如图3-2所示。

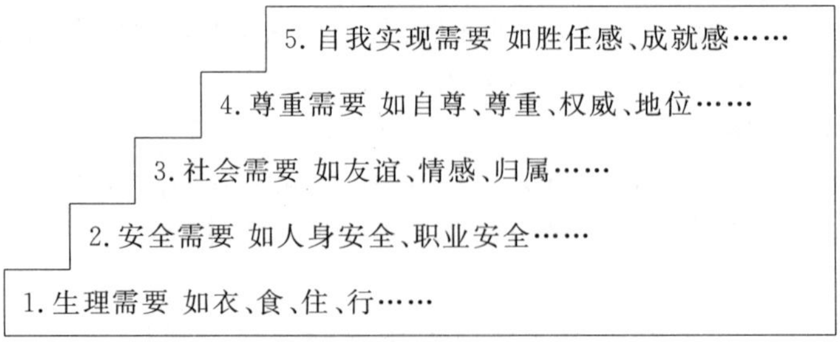

图3-2　马斯洛需要层次理论示意图

1. 生理需要

生理需要是人类最基本的需要。这类需要是关于人的衣、食、住、行等方面的需要。生理需要是人类最原始、最基本、最优先的需要，是人类赖以生存的基本前提条件，是推动人类参加各项活动的原动力。实验表明，当人们处于饥饿状态时，所见到的一切模糊影像都可能会被视为和食物有关的东西。

2. 安全需要

安全需要是指人的生理需要得到基本满足之后，整个有机体将会成为一个追求安全的机制，所有感受器、效应器和其他能量都在为寻求安全工作。例如：儿童受到惊吓后所表现的对父母的依恋；成人希望解除生病、失业、职业危害、意外事故等所表现出的对心理安全、劳动安全、环境安全及经济安全的保障要求等。

3. 社会需要

社会需要也称社交需要或归属需要。这是一个人在基本满足前两种需要后所产生的需要层次的追求。它包括社交的欲望，友谊的向往，情感的寄托，同事、朋友之间的信任与互爱以及对于团体或群体的归属感等。实际上，像前两种需要一样，社会需要是人所固有的本能体现。

4. 尊重需要

尊重需要也称心理需要或自尊需要，指人的自尊和受人尊重的要求。这类需要一般可分为三类，即自尊，受人尊重，地位和权力欲。自尊，指自尊心、自信心、自我成长、自我表现欲以及对知识、能力的追求等，属于一种自慰感。受人尊重指威望、荣誉。人总是希望其所作所为能得到社会的认同，受到别人的重视，受到社会的尊敬和赞颂，这属于一种荣誉感。地位和权力欲属于一种优越感。

5. 自我实现需要

自我实现需要是最高层次的需要。这时人具有促使自己潜在能力得以充分发挥、实现个人理想和抱负的趋势，对所做的事情追求其意义和价值，它包括胜任感和成就感。喜欢承担挑战性的工作，具有废寝忘食、出色完成任务的欲望，希望自己的努力能够取得成功。

以上 5 个层次的发展被认为是循序渐进的。在低层次需要获得相对满足之后，才能发展到下一个较高层次的需要。如果较低层次的需要未得到满足，就有可能牺牲较高层次的需求。事实上，人们在某一时刻可能同时存在几种需要，只是各种需要的强度不同。高层次的需要发展后，低层次的需要虽然仍然继续存在，但其影响力已不再占主导地位。

三、动机理论

1. 动机的概念

动机是由需要引发的，是指为满足某种需要而进行活动的念头或想法。它是激励人们去行动，并达到一定目的的内在原因。动机是行为的动因，它规定着行为的方向。动机是一种主观状态，具有内隐性的特点。动机不容易从外部被察觉，但可以根据其行为追溯真正的动机。当然，事情并非如此简单。有时良好的动机并不一定会达到预期的行为结果。

2. 动机的形成

动机的形成要经过意向形成、意向转化为愿望、愿望形成动机的不同阶段。当人的需要还处于萌芽状态时，往往以模糊的形式反映在人们的意识中，这时使人产生不安感，开始形成意向。随着需要的不断增加，人们就会比较明确地知道是什么事情使自己感到不安，并意识到可以通过什么手段来满足需要。这时意向开始转化为愿望。人的心理进入愿望阶段后，在一定外界条件下，就可能成为行为的动机。可见，动机是内在条件与外在条件相互影响、相互作用的结果。也就是说，人的行为不仅与个体自身的身心状况有关，还会因时、因地、因其所处的情景而出现不同的反应。

3. 动机的作用

动机在人类行为中起着十分重要的作用，主要体现为激发作用、指向作用、维持作用和调节作用。激发作用指动机能激发个体产生某种行为，是引起行为的原动力；指向作用指动机能使个体行为指向某一目标，是引导行为的指示器；维持作用指动机能使个体行为维持一定的时间，是保持行为的续动力；调节作用指动机能调节个体行为的强度、时间和方向，是调节行为的控制器。

四、目标理论

目标是行为的最直接的动机，设置合适的目标会使人产生希望达到该目标的成就需要，因而对人有强烈的激励作用。目标的设置使人产生积极的心态和动力，有助于区分轻重缓急、把握重点、提高效率。

1. 目标的维度

目标设置理论认为，任何目标都可以从 3 个维度来进行分析。

(1)目标的具体性　是指目标能够精确观察和测量的程度。

(2)目标的难度　是指目标实现的难易难度。

(3)目标的可接受性　是指人们接受和承诺目标和任务指标的程度。

从激励的效果出发，有目标比没有目标好，有具体的目标比有空泛的目标好，能被执行者接受而又有较高难度的目标比唾手可得的目标好。

2. 动机产生的行为

动机产生的行为是一个从确立目标到实现目标的过程。这个过程分为目标导向行为和目标行为两个阶段。目标导向行为是一个选择、寻找和实现目标的过程。一般而言，它能提高人的动机水平。但是，如果导向过程时间过长或者目标不具有挑战性，则会降低激励的作用。因此，倡导者要不断地提出具有挑战性的目标。

项目二　农民心理与行为

一、农民个性心理与行为

(一)个性的概念与特点

个性是指事物区别于其他事物的特殊品质。农民的个性心理是指农民在心理方面所表现出的特殊品质。从推广角度讲，农民的需要、动机、兴趣、性格、能力等个性心理直接影响其对创新的态度及积极性。个性具有以下特点。

1. 独特性与共同性的统一

独特性指每个人都有不同的个性倾向性和个性心理特征；共同性是某类人具有的共同的典型特征，如同民族、同区域的居民都具有的特征。

2. 稳定性与可变性的统一

个性具有稳定性的特点，稳定性是指较持久的、一再出现的、定型化的特点，正是这个特点，才能表现出具有个性的人。但现实的多样性和多变性，常促使人们发生个性上的适应性变化，特别是青少年个性的可塑性较大。

3. 社会性与个体性的统一

人的个性是在具体的社会历史条件下形成的，个性是人社会化的产物。但人是一个积极的社会活动者，在学习社会经验，适应社会现实的同时，有目的地、自觉地改变现实，从而在这种积极的活动中形成自己的个性。

(二)农民的性格与能力

1. 性格

性格是指一个人在个体生活中所形成的对现实稳固的态度以及与之相应的习惯了的行为方式方面的个性心理特征。性格特征是指那些一贯的态度和习惯的行为方式中所表现的特征。这些性格特征包括如下几方面。

(1)性格的态度特征　人对事物的态度特点是性格特征的主要方面，可以是对社会、对集体、对他人的态度方面的特征。

(2)性格的意志特征　性格的意志特征是指人对自己的行为进行自觉调节方面的特征。

(3)性格的情绪特征　性格的情绪特征是指一个人经常表现的情绪活动的强度、稳定性、持久性和主导心境方面的特征。

(4)性格的理智特征　性格的理智特征是指人在感知、记忆、想象、思维等认识过程中所表现出来的个人稳定的品质和特征。

以上各种性格特征在每个人身上都以一定的独特形式结合成为有机的整体，其中性格的态度特征和意志特征占主要地位，尤其态度特征显得更为重要。

在农业技术推广上，要了解农民的性格特征，寻找那些具有热情、诚实、勤劳、主动、稳定、创新等性格特征的农民作为科技户或示范户。对理智型和情绪型、内向型和外向型、独立型和顺从型等性格反差大的农民，应该采取不同的推广策略和方法。

2. 农民的能力

能力是与顺利完成某种活动有关的个性心理特征。能力通常在完成活动的过程中表现出来，而且是经常表现出来。根据对完成活动的作用不同，能力分为一般能力和特殊能力。

(1)一般能力　一般能力指在活动中所必需的基本能力，如感知能力、记忆能力、思维能力、语言表达能力等。

(2)特殊能力　特殊能力是与完成某种特殊活动有关的能力，如农民掌握某种新技术的能力。

人与人之间能力存在差异，确定推广项目和内容要考虑农民的接受能力。在加强农民能力培训的同时，重视推广简便化的技术。

(三)农民的兴趣与选择性心理

1. 兴趣

兴趣是人积极探究某种事物的认识倾向。兴趣是需要的延伸,是人的认识需要的情绪表现。对事物或活动的认识越深刻、情感越强烈,兴趣就会越浓厚。兴趣与爱好是类似的心理现象,但二者也有区别。兴趣是认识倾向,爱好则是活动倾向。

兴趣是以一定素质为前提,通过后天实践活动培养而发展起来的。引起人们兴趣的方法主要有如下几点。

(1)兴趣是在需要的基础上产生和发展的　要使农民对你传播的内容感兴趣,农业创新传播要能满足他们的需要,解决他们面临的问题。

(2)胜任和成功能增强信心、激发兴趣,一再的失败则会降低兴趣　一般来说,创新的实施难度与农民现有能力和条件相适应时,易使他们产生兴趣。

(3)兴趣与人的知识经验有密切联系　提高农民科技文化素质,可以增强其对农业创新的认识理解能力,有利于科技兴趣的培养。

(4)人们对经历过的事物因怀旧而产生兴趣,也对特殊事物因好奇而产生兴趣　在农业创新传播时,从农民经历的或利益相关的事件说起或从某些稀奇事物说起,都可能引起他们的兴趣。

(5)不同感觉方式产生兴趣的程度不同　一般来说,做比看易产生兴趣,看比听易产生兴趣。农业技术推广中,采用示范参观和亲自操作的方式,容易使农民产生兴趣。

2. 农民的选择性心理

农民的个性心理特点影响其对信息的接受程度,表现为对信息进行选择性注意、选择性理解和选择性记忆。

(1)选择性注意　选择性注意是指农民会有意无意地注意那些与自己的观念、态度、兴趣和价值观相吻合的信息,或自己需要关心的信息的现象。这种现象较常见,如西瓜专业户的农民会对西瓜的种植技术、价格、销路等信息会特别注意。因此,推广人员在传播农业创新信息时,一定要重视当地农民的需要,重视他们对信息的选择性。

(2)选择性理解　选择性理解是指不同的人,由于背景、知识、情绪、态度、动机、需要、经验不同,对同一信息会做出不同的理解,使之与自己固有的观念相协调而不是相冲突的现象。不少农民在采用新技术时会"走样","走样"的原因多是他们选择性理解所致。他们对创新信息的理解是在原有技术和经验的基础上进行的,选择性理解使新信息与旧经验融合,结果有时会产生"误解"。

(3)选择性记忆　选择性记忆是指农民容易记住对自己有利、有用或自己感兴趣的信息的现象。当然,选择性记忆并不全面,如对生活中某些特别重要的信息,即使对自己并非有利、有用或自己并不感兴趣,也会记得很牢。但就一般信息而言,选择性记忆通常反映了人们的某些记忆特征。农业创新信息多数属于一般的农业生产经营信息,它们必须是能引起农民的兴趣,使其感到有用并给自己带来好处时,才可能促使农民对它们的选择性记忆。

二、农民社会心理与行为

(一)社会认知

认知是人们对外界环境的认识过程。在这个过程中,人们通过感觉、知觉、记忆到形成概念、判断和推理,这就是从感性认识到理性认识的过程,是一个认知过程。如果是对社会对象的认知,称为社会认知。社会对象是人和由人组成的群体及组织,所以社会认知还可分为对人的认知、对人际关系的认知、对群体特性的认知以及对社会事件因果关系的认知等。在农业技术推广中,农民对推广人员、推广组织有一个认知过程,对推广内容也有一个认知过程。他们认知的正确与否直接影响其对推广人员和推广内容的态度,也影响推广工作的成败。人的社会认知一般具有以下特点。

1. 认知的相对性

每个人对社会事物的认识并不是完全清楚,有的认识到事物的一些特性,有的认识到事物的另一些特性。人们往往根据自己对事物的认识来做出看法和评价。

2. 认知的选择性

人们对社会事物的认识是有选择的。人们更多的是注意他感兴趣的或要求他注意的事物。

3. 认知的条理性

人们在认知过程中,经常会试图把积累的经验、学到的知识条理化,也试图把杂乱无章的知识变成有意义的秩序。因此,推广人员在进行推广教育时,要做到条理清楚、层次分明,以便农民理解掌握。

4. 认知的偏差

这是人们在认知过程中产生的一些带有规律性的偏见。

二维码 3-2　认知的偏差表现

(二)社会态度

社会态度是人在社会活动中所形成的对某种对象的相对稳定的心理反应倾向。如对某一对象(人或事物)的喜爱或厌恶、赞成或反对、肯定或否定等。

1. 态度的组成因素

人的态度一般由 3 个因素组成。

(1)认知因素　这是对对象的理解与评价,是对其真假好坏的认识。这是形成态度的基础。

(2)情感因素　指对对象喜、恶情感反应的深度。情感是伴随认识过程而产生的,情感可以保持态度的稳定性。

(3)意向因素　指对对象行为的反应趋向,是行为的准备状态,即准备对他(它)做出某种反应。人在对某个对象形成一定的认知和情感的同时,就产生了相应的反应趋向。

2. 社会态度的特征

一个人的社会态度通常具有如下特征。

(1)社会影响性　一个人的态度往往会受到社会政治、经济、道德及风俗习惯等方面的影响,也有可能受他人的影响。

(2)针对性　每一个具体的态度是针对着一个特定的对象的。

(3)内潜性　态度虽然有行为倾向,但这种行为倾向只是心理上的行为准备状态,还没有表现为具体的行为。人们不能直接观察到别人的态度,只有通过对他的语言、表情、动作的具体分析，推论出来。

(4)态度转变的阶段性　人们社会态度的转变一般要通过服从、同化和内化三个阶段，服从是受外来的影响而产生的，是态度转变的第一阶段。

(三)人际关系

人际关系是人与人之间在直接交往中形成的心理关系。人际关系是在人际交往基础上产生的，它的外延是角色关系，内涵是心理的亲疏关系。人际关系影响个体的活动效率，影响团体气氛和内聚力。影响人际关系的主要有如下因素。

(1)接近性　一般来说，生活中经常接近的人比较容易发生人际交往关系。

(2)相似性　人与人之间在兴趣、志向、态度等方面的相似性或一致性，容易引起思想上的共鸣，感到情投意合、相互喜欢，从而形成密切关系。

(3)互补性　双方在需要、性格特征方面的相互补充，容易形成密切关系。

(4)相互性　人们容易与那些喜欢自己、自己也喜欢的人交往并建立密切关系。

(5)个人特征　外貌、品德、能力、特长等个人特征，也影响人际关系。

人际关系的作用规律可归纳为态度相似、需求互补、外貌吸引、喜欢回馈(要使自己被人喜欢，应先向人表示喜欢)、熟悉优先、时空接近、能力崇尚 7 个原则。在农业技术推广中，根据人际关系影响因素和作用规律，应在了解推广对象人际关系特点的基础上，与之建立良好的人际关系，这样更有利于搞好推广工作。

项目三　农民行为改变策略

将不良行为变为良好行为，将落后行为变为先进行为，这是农业技术推广的重要任务。认识农民行为特征和行为改变规律，采取正确的推广方法，有利于农业创新的推广。

一、农民行为的特征

(一)农民的社会行为

1. 社会交往行为

社会交往行为指农民个人与个人、个人与群体或群体之间的信息交流和相互作用的过程。农民交往行为通常具有以下特点。

(1)浓厚的感情色彩　交往活动多在亲朋好友之间进行，请客和送礼是农民交往的重要形式。

(2)全面互动　农民之间的交往包括生产、生活和日常活动中的互动，交往的农民相互之间比较了解。

(3)重视伦理　农民交往行为多以亲属和辈分为基础，以自己在亲族中的位置为前提与他人交往。关系越密切的人，交往越密切，多按家庭、家族、邻里、朋友、同龄群体的次序交往。

(4)非契约性　在农民合作中，无论是借钱、借物或是合作买卖，口头承诺多，契约合同少，常因合作失败影响人际关系。

2. 社会参与行为

农民社会参与行为指农民参加国家、地方、乡村的管理以及社会经济决策等活动，包括选举投票、村民自治、发表意见、公益活动等。农民社会参与行为分制度性参与行为和非制度性参与行为。

(1)制度性参与行为　制度性参与行为是由法律规定的参与行为，根据《中华人民共和国选举法》规定，农民要参与基层人大代表的选举活动；根据《中华人民共和国村民委员会组织法》规定，农民要参与村组的自我管理活动。

(2)非制度性参与行为　非制度性参与行为是指农民自愿参与社会公益活动或公共服务活动，以及与自己利益相关的群体性活动。

参与行为是农民热爱国家、热爱社会、热爱家乡、热爱群体(集体)的重要表现。农民是农业和农村发展的执行者、是农业技术的采纳者和受益者，农村和农业发展的重大事项、农业技术推广项目的决策在农民的参与下制订，既能充分反映民意，又能尊重农民的参与意识，调动农民的主动性和积极性，有利于农村和农业的发展，也有利于农业科技的推广。

(二)农民的生产经营行为

农民的农业生产经营行为多以农户为单位。农户既是生产者，又是经营者。农户生产经营行为以家庭、市场和国家需要为基础，以实物和经济收入为目标组织进行。由于“小”生产和“大”市场的矛盾，货币需要和实物需要并存，农民生产经营行为常表现出以下特点。

1. 自给性与商品性并存

我国农业生产规模小，常在满足家庭食物需要后才到市场销售。

2. 经济目标与非经济目标并存

增加经济收入是农民生产经营行为的第一目标，但家庭生活的稳定和保障、荣誉与地位等因素也对农民生产经营行为产生影响。

3. 趋同性与多样性并存

因生态生产条件相似、获得市场信息途径相同、照搬别人成功经验等，许多农民表现出趋同的生产经营行为。同时，因地区之间、农户之间的自然生态、社会经济条件、生产技术水平和经营决策能力等存在差异，农户之间的生产经营行为又具有多样性的特点。

(三)农民的科技行为

1. 农民的科技采用行为

农民的科技采用行为是指农民为满足生产生活需要采用新技术、新技能和新方法的活动。农民是农业创新的采用者，一项农业创新能否推而广之，主要看农民是否采用。农民对实用性强、增产增收效果显著、投资少、风险小、见效快、获利高的技术，往往会主动接受，积极采用，具有实用性、短效性的特点。农民科技采用行为主要表现在：对创新的需求；实际应用创新；评价应用效果；决定是否继续采用。

农民科技采用行为依赖于采用决策。农民的采用决策分为理性决策行为和非理性决策行为。理性决策具有条理性、程序性、道理性(或科学性)、先进性的特点；而非理性决策具有随意性、冲动性、易变性、落后性的特点。一个理性决策行为一般由多个环节组成。

2.农民的科技扩散行为

农民的科技扩散行为指一项创新技术被传播到农村之后,农民之间对创新的交流沟通和模仿学习的过程。正是农民的科技扩散活动,促使农业科技成果在农村得到推广。农民科技扩散分有意识扩散和无意识扩散。

(1)有意识扩散　有意识扩散受利他动机驱使。例如,有些科技示范户或科技致富能手,将自己采用成功的新技术无偿传授给他人,带动一群人或一村人采用新技术。有意识扩散一般具有方向性。从社会学的角度看,一个农民采用某项创新后,如果效果很好,他首先要将该创新的技术告诉和传授与他关系最好的农民,然后向亲密群体的其他成员传递。

(2)无意识扩散　无意识扩散常在信息交流中进行。农民之间的信息交流是满足自身需要和维持人际关系的一个重要途径。许多农业创新信息作为人际交流的内容面被扩散。如果创新有非常显著的增产增收效果,一些采用者由于某种原因,不会轻易告诉外人,但当亲朋好友询问时,若不告诉他们,心里又会紧张不安,只有说出来心里才会平静。农民无意识地科技扩散行为具有随机性的特点。在农村社会关系中,农民之间除了约定和探望式见面外,其他见面带有很大的随机性和偶然性,因而创新的扩散也就带有很大的随机性和偶然性。

3.农民的科技购买行为

(1)农民科技购买行为的概念与动机　农民的科技购买行为指农民对实物型农业科技产品的购买活动或知识型农业技术的有偿使用活动。农民科技购买是农民有偿采用创新的行为,是农民的一种生产性投资行为,也是农业创新传播、有偿推广服务的一种重要形式。农户的购买动机来源于自身需要、政策和市场等外部环境的诱发。但对不同创新的购买行为又具有不同的购买动机,主要有:求新购买动机、求名购买动机、求同购买动机以及出于对推广人员的信任等。

(2)农民科技购买的行为过程　根据认知、态度和行为理论,农民对科技的购买常常要经过4个阶段:知晓阶段——喜欢阶段——确信阶段——购买阶段;根据需要、动机和行为理论,农民的科技购买行为分为5个发展阶段:需求的发现——寻找目的物——做出购买决定——科技产品的购买和使用——对产品的使用效果进行评价。

(3)农民科技购买行为的类型　不同的农民在进行科技购买时具有不同的心理、心态和行为特点,可以分为以下5种类型。

①理智型。这类农民对技术产品的性能、用途、成本、收益等的询问很仔细,有自己的见解,不易受他人的影响。

②冲动型。这类农民易受外界刺激的影响,对产品的情况不仔细分析,常常在不冷静的情况下做出购买决定。

③经济型。这类农民重视技术的近期效益和产品的价格,喜欢“短、平、快”技术和购买廉价商品。

④习惯型。这类农民喜欢购买自己用惯了的东西、喜欢购买自己经常使用的技术产品,其购买行为通常建立在信任和习惯的基础上,较少受广告宣传的影响。

二维码3-3　农民行为改变规律

⑤不定型。这类农民没有明确的购买目标,缺少对技术商品进行选

择的常识，缺乏主见，易受他人影响。

二、改变农民行为的策略与方法

（一）改变农民行为的基本策略

人的行为是个体因素与外在环境相互作用的结果，因此改变农民行为的策略可以分为改变农民策略、改变环境策略以及农民和环境同时改变的3种策略。

1. 改变农民策略

提高农民科技文化素质，增加农民认识、理解、鉴别、判断、思维能力，从兴趣、信念、理想、世界观等个性心理上影响农民，从激发需求、目标诱导等方面去激励农民，从知识、态度、技能等方面去改变农民。

2. 改变环境策略

改变环境策略主要包括如下几种。

（1）改变家庭条件　如改变农民家庭的生活状况，增加农民经济收入，可以促进农民个人行为的改变。

（2）改变生产环境　如改善灌溉条件，可以促进农民生产经营行为的改变。

（3）改变科技环境　如营造科技种田致富的氛围，为农民提供方便的科技服务，可以促进农民科技购买和科技采用行为的改变。

（4）改变交通和通信环境　便利的交通和通信条件，促进农民交往行为、生产经营行为和科技采用行为的改变。

3. 农民与环境同时改变的策略

在改变农民自身素质的同时，改变可能对农民产生不利影响的家庭条件、生产环境、科技环境、交通环境、通信环境，从内因和外因两个方面同时促进农民行为的改变。

（二）改变农民态度的方法

1. 影响态度改变的因素

（1）农民需要状况的变化　农民的需求在不断变化，凡是能直接或间接满足农民需要的事物，就会使其产生满意的情感和行为倾向，否则反之。因此，需要的变化会引起价值评价体系的变化，是态度变化的深层心理原因。

（2）新知识的获得　知识是态度的基础，当人接受新知识后，改变了态度的基础，其情感因素和行为倾向也有可能发生变化。

（3）个人与群体的关系　个体对群体的认同度越高，就越愿意遵守群体规范，群体态度转变，个体态度也会跟着变化。否则反之。

（4）农民的个性特征　性格、气质、能力等个性特征作为主观的心理条件经常影响态度的改变。

2. 改变态度的方法

（1）引导参与活动　引导农民参加农业科技活动，使其尝到甜头。一方面通过行为方式的改变和习惯化，促使认知、情感、行为倾向之间出现失调，发生态度变化；另一方面通过行为结果的积极反馈，促使认识和情感的改变，进而改变态度。

（2）群体规定　通过村规、民约、群体要求等，形成群体压力，逐渐改变农民态度。

（3）逐步要求　将大改变分成若干小改变，在第一个小改变的要求被接受后，逐步提出其他改变的要求。

（4）难易设计　先提出使对方力所难及的改变要求，再提出较低的态度改变要求，权衡之下，较低的要求会很容易被接受。

（5）说服宣传　利用威信高的媒介或个人，传播真实、符合农民需要、有吸引力的信息，从理智和情感两个方面，去影响农民，容易促进农民态度的改变。

（三）改变农民行为的方法

1. 改变农民个人行为的方法

（1）强制改变　改变法规和政策明确要求危害社会和他人的犯罪行为或不良行为。如耕地、森林等农业资源受国家法规保护，凡有破坏行为，均须强制改变。

（2）自愿改变　自愿改变是农民内心深处需要和主动积极的改变行为。根据农民的迫切需要，选择推广项目，激发和利用农民的采用动机；加强创新宣传，增强农民的认识，改变他们的态度，通过创新的目标吸引他们的采用行为。这是适应农民需要，促进农民自愿改变的方法。

（3）建议改变　许多情况下，农民没有改变行为是因为他们不知道需要改变。如免耕栽培前，农民不知道免耕栽培的优越性。建议改变可以让他们认识到需要改变，也能够改变。这是让农民先产生改变的需要，再改变知识、态度和行为的方法。

（4）培训教育　通过改变农民知识和技能，让农民认识到改变的必要性和可能性，逐步改变其态度和行为。

（5）创造改变条件　创造农民行为改变的环境条件，就是要在农村建立健全各种社会服务体系，向农民提供采用创新配套的人力、财力、物质、运输、加工、市场销售等方面的服务。同时在舆论导向等方面鼓励采用创新，形成采用创新光荣的社会氛围。

2. 改变农民群体行为的方法

（1）“二六二”分化改变　一个群体一般是保守性强的人占20％（A型），开放性强的人占20％（C型），中间状态的人占60％（B型），当中间状态者偏向保守时，就形成一个保守型群体。

（2）讨论　当群体意见不一致时，很难改变群体行为。通过讨论，让不同意改变的人充分发表意见，了解其不愿意改变的主客观原因，帮助他们寻求分析和解决的办法，使多数人达成需要改变和可以改变的共识。

（3）示范参观　对采用创新有怀疑的群体，组织他们去参观，通过创新效果好的事实，改变他们对创新的认识和态度，促进行为改变。

模块小结

行为是指在一定的社会环境中，在人的意识支配下，按照一定的规范进行并取得一定结果的活动。人的行为由动机产生，而动机是由内在需要和外来刺激引起的。人的行为受三方面的影响：一是受环境因素的影响，二是受世界观的影响，三是受生理、心理因素的影响。行为产生的主要理论包括需要理论和动机理论，前者也称需要层次理论，将人的需要由低级到高级分为5个层次，即生理需要、安全需要、社交需要、尊重需要、自我实现需要；后者认为动机是行为的直接力量，指一个人为满足某种需要而进行活动的意志和想法。动机是行为的直接力量，指一个人为满足某种需要而进行活动的意志和想法。目标是行为的最直接的动机。农民的心理包括个性心理和社会心理。农民的行为包括社会行为、生产经营行为和科技行为，社会行为有社会交往行为、社会参与行为，科技行为有科技采用行为、科技扩散行为和科技购买行为。改变农民行为的方法包括改变农民态度、改变农民个人行为和改变农民群体行为。

模块巩固

1. 农民行为发生的基本原理包括哪些？
2. 简述需要层次理论，并说明在农业技术推广实践中如何加以运用。
3. 农民的心理与行为有哪些？它们各有什么特征？
4. 简述改变农民行为的策略与方法。

模块四
农业技术推广程序与方法

【知识目标】

通过本模块学习，了解农业技术推广的基本方法，理解大众传播、集体指导和个别指导的特点，掌握农业技术推广的一般程序、推广方式和推广方法。

【能力目标】

能够灵活运用农业技术推广程序，能根据不同的推广项目运用具体的推广方法，具备综合运用农业技术推广的方法技能。

项目一　农业技术推广程序运用

农业技术推广是科研成果转化为现实生产力的过程，一项农业新技术的推广要经过几个阶段才能完成。因此，农业技术推广程序就是农业技术推广工作的步骤。农业技术推广工作只有按照一定的程序进行，才能取得良好的效果。

一、农业技术推广程序

农业技术推广程序是农业技术推广原则在推广工作中的具体应用，它是一个动态的过程。“试验、示范、推广”是农业技术推广的基本程序。

1. 项目选择

项目选择是一个收集信息、制订计划、确定项目的过程，也是推广工作的前提。选对了好的项目，就等于技术推广工作完成了一半。项目选择首先要收集大量信息，项目信息主要来源有以下 4 个方面。

(1)引进外来技术。

(2)科研、教学单位的科研成果。

(3)农民群众先进的生产经验。

(4)农业技术推广部门的改进技术。

农业技术推广部门根据当地自然条件、经济条件、产业结构、生产现状、农民的需要及农业技术的障碍因素等，结合选择项目的原则，进行项目预测和筛选，初步确定推广项目。推广部门聘请有关的科研、教学、推广等方面的专家、教授和技术人员组成论证小组，对项目所具备的主观与客观条件进行充分论证。通过论证确定切实可行的项目，则转入评审、决策、确定项目阶段，即进一步核实本地区和外地区的信息资料，详细调查市场情况，吸收农民的合理化建议，对项目进行综合分析和研究，做出最后决策。推广项目确定后，就应该制订试验计划和试验实施方案。

2. 试验

试验是推广的基础，是验证推广项目是否适应当地的自然条件、生态条件、经济条件及确定新技术推广价值和可靠程度的过程。农业生产地域性较强，使技术的广泛性受到一定限制。因此，对初步选定的新技术必须经过试验。而正确的试验方法可以对新成果、新技术进行推广价值的正确评估，特别是引进的成果和技术，对其适应性进行试验就更为重要。新品种的引进和推广需要先进行试验，然后才能扩大应用规模。生产中不经试验就引种而失败的实例很多。因此，掌握农业技术推广试验的方法，对做好农业技术推广工作十分重要。

3. 示范

示范是进一步验证技术适应性和可靠性的过程，是树立样板对广大农民、乡村干部、科技人员进行宣传教育、转化思想的过程，同时还要注意逐渐扩大新技术的应用规模，为大规模推广做准备。示范的内容，可以是单项技术措施、单个作物，也可以是综合配套技术或模式化栽培技术。

目前，我国多采用科技示范户和建立示范田的方式进行示范。“树立一个典型，带动一方农民，振兴一地经济”，示范迎合了农民的直观务实心理，达到“百闻不如一见”的效果。因此，示范的成功与否对项目推广的成效有直接影响。

4. 培训

培训是一个技术传输的过程，是大规模推广的“催化剂”，是农民尽快掌握新技术的关键，也是提高农民科技文化素质、转变农民行为最有效的途径之一。培训时多采用当地语言，不仅通俗易懂，而且农民爱听，易于接受。培训方法多样，主要有举办培训班、开办科技夜校、召开现场会、巡回指导、田间传授和实际操作、建立技术信息市场、办黑板报、编印技术资料和技术手册或通过广播、电视、报纸、电影、录像、电话、网络等手段宣传介绍新成果、新技术等。

5. 服务

服务不只是技术指导，还包括物资供应及农产品贮藏、加工、运输、销售等服务。各项新技术的推广必须是行政、物资、金融、推广等部门通力协作，为农民进行产前、产中、产后的系列化服务，帮助农民排忧解难。服务的具体内容包括：

(1)帮助农民尽快掌握新技术，做好产前市场与价格信息的调查、产中技术指导、产后运输销售等服务。

(2)为农民做好采用新技术所需的肥料、农药、农机具等生产资料供应服务。

(3)帮助农民解决生产所需资金的服务。

这些服务是新技术大规模推广的重要物质保证，没有这些服务，新技术就很难迅速推广，是新技术、新成果推广过程中必不可少的重要环节。

6. 推广

推广是新技术应用范围和面积迅速扩大的过程，是科技成果和先进技术转化为现实生产力的过程，是产生经济效益、社会效益和生态效益的过程。新技术在示范的基础上，一经决定推广，就应切实采取各种有效措施，加快推广速度。目前常采用宣传、培训、讲座、技术咨询、技术承包等手段，并借助行政干预和经济手段推广新技术。在推广新技术的同时，还必须积极开发和引进更新更好的技术，以保持农业技术推广旺盛的生命力。

7.评价

评价是对技术推广工作进行阶段总结的综合过程。基于农业的持续发展性，生产条件不断变化，一项新技术在推广过程中难免会出现不适应农业发展要求的情况。因此，推广过程中应对技术应用情况和出现的问题及时进行总结。推广基本结束时，要进行全面、系统的总结和评价，以便再研究、再提高，充实、完善所推广的技术，并产生新的成果和技术。

对推广的技术或项目进行评价时，技术经济效果是评价推广成果的主要指标。同时，也应考虑经济效益、社会效益和生态效益之间的关系。不论进行到哪一步，都应该有一个信息反馈过程，使推广人员准确地掌握项目的推广动态，不断发现问题和解决问题，加快新技术推广的速度。

农业技术推广工作要按照推广程序进行，但更重要的是推广人员要根据当地实际情况灵活掌握和运用，不可生搬硬套。

二、农业技术推广程序灵活应用

在农业技术推广程序中，“试验、示范、推广”是3个基本环节。一般情况下，农业技术推广应按照“试验、示范、推广”这一基本程序进行。特别是如果某项技术在适应性和有效性还未得到充分论证，组装配套技术没有相应配合的情况下盲目大规模推广，往往会给生产造成损失。在推广实践中，要灵活掌握推广程序。通常在下列情况下可以灵活运用推广程序。

(1)在相同自然条件下，由于发达地区和欠发达地区农民思想观念和经济条件的差异，某项新技术已在发达地区大规模推广，而欠发达地区尚未采用，这时可以采取组织农民到发达地区参观，运用示范、培训等推广手段直接进行推广。

(2)农民在多年的实践中总结出的行之有效的实用技术、先进经验等，推广部门在及时总结关键技术的同时，采用召开现场会等方式进行大力宣传，不必进行试验、示范，就可以在同类地区直接大力推广。

(3)科研部门在当地自然条件和生产条件下培育的某些新品种、新成果等，由于在本地区进行了多年、多点试验和一定规模的示范，在农民中产生了一定的影响。这样的品种一经审定，就可直接进入推广领域，不必重复试验。

(4)由于科研单位研究的某项技术就是针对某一地区存在的主要问题进行的，当研究成功后，可以减少中间环节，直接在当地推广。

(5)大规模综合组装的技术，多数是在当地应用多年的各单项技术，或是正在推广应用的技术，实践证明是行之有效的，所以组装后不必进行试验、示范，就可在同类地区大力推广，达到增产、增收的目的。

(6)科研成果管理规定，某些科研成果在认定时，必须有一定的试验、示范规模。而这些试验、示范工作多是科研部门和推广部门共同完成的。对于这样的成果，推广部门不必进行试验、示范，就可以在其适应的区域内推广。

(7)“教学、科研、推广”相结合的协作攻关项目，由教学、科研、推广单位统一制订试验研究和示范推广方案，由攻关人员在试验基点进行试验研究后，筛选出最优调控模式进行示范，这样的成果通过鉴定后，可直接在适宜地区推广。

综上所述，农业技术推广程序在技术推广过程中起着非常重要的作用，是推广工作的步骤和指南，不但要求每个农业技术推广人员必须掌握，而且还要求推广人员根据项目的性质及当地自然条件、经济条件灵活运用推广程序。

项目二　农业技术推广方式

随着农业由计划经济向社会主义市场经济、粗放经营向集约经营经济增长方式的加速转变，现代农业技术推广也正向“农业增效、农村稳定、农民增收”的目标转变，其服务范围和内容也正向产前、产中、产后全过程服务，以及“产、供、销”等一体化系统服务转变。农业技术推广在新的形势下，推广方式在继承原有的示范、培训、蹲点、咨询等方式的基础上，提出并形成了一些适应市场经济发展和“两高一优”的农业发展新形式。

一、项目计划方式

项目计划方式是政府有计划、有组织地以项目的形式推广农业科技成果，是我国目前农业技术推广的重要形式。

1.农业科技成果

农业科技成果包括国家和各省、市(县)每年审定通过的一批农业科技新成果，农业生产中产生但尚未推广应用的增产新技术，以及从国外引进、经过试验示范证明经济效益显著的农业新技术。各级农业科研行政部门和农业技术推广部门，每年都要从中选择一批重点推广项目，有计划、有组织地大面积推广应用。如农业农村部和财政部共同组织实施的综合性农业科技推广“丰收计划”。科技部设立的“国家科技成果重点项目推广计划”及应用科技振兴农村经济发展的“星火计划”，教育部提出的“燎原计划”。还有“菜篮子工程”、科技扶贫项目、黄淮海综合开发项目、农业科技园区建设项目等，各省、自治区、直辖市不同层次均有相应的推广项目，这些都已成为农业新技术推广的重要途径。

2.项目计划推广步骤

按项目计划推广，一般要经过项目的选择、试验、示范、推广、培训、服务、评价等步骤。项目要选择当地生产急需的、投资少、见效快、效益高的技术；适应范围广、增产潜力大、能较快地大面积推广应用的技术。项目的论证要考虑推广地区农民的文化素质、经济状况、推广人员能力、物资供应以及市场影响等因素。项目经过论证，报上级批准后，方可定为推广项目。一般由上级主管部门组织协调实施。一个项目一般推广3～4年，取得预定效益后再实施新的推广项目。

3.项目计划的实施

项目计划实施时，一般要动员和组织教学、科研、推广三方面的成员组成行政和技术两套领导班子。技术指导小组负责拟定推广方案及技术措施；行政领导小组主要协调解决推广中的各种矛盾和问题，做好农用物资供应及科技人员的后勤服务工作。

二、技术承包方式

技术承包方式主要是各级农业技术推广部门、科研、教学单位利用自身的技术专长在农业技术开发的新领域，为了试验示范和获取部分经济效益采取的一种推广形式，是推广单位或推广人员与生产单位或农民在双方自愿、互惠、互利的基础上签订承包合同，运用经济手段和合同形式推广技术的一种方式。它是联系经济效益计算报酬的有偿服务方式。

在具体推广过程中，承包方可以是技术推广组织或个人，也可以是合股或联合；可以承包单项技术，也可以承包某种作物；可以承包某户、某村，也可以承包某个区域；可以一季一包、一年一包，也可以一包几年；可以进行农事劳务承包，也可以进行产品采后的处理，如保鲜、贮藏、加工、运输、销售等方面的承包。目前技术承包主要有以下 5 种类型。

1. 联产提成

承包方对所承包的项目负责全过程综合性技术指导，并规定产量、质量指标，超产按规定比例提成，减产要分清原因，如因技术失误应按规定赔偿。

2. 定产定酬

承包方对其承包的项目负责技术指导，达到规定的产量指标。按规定收取报酬，除因技术失误造成减产外，不收取报酬，也不赔偿。

3. 联效联质

承包方对其承包的项目负责技术指导，如果达到或超过规定的效果和质量指标，则给予合理的报酬，如因技术失误达不到规定的效果和质量而造成损失，则应适当赔偿。

4. 技术劳务

包含耕地承包，育秧、插秧承包，防治病虫害承包，收获、脱粒、运输、销售承包等，不仅包技术，还包劳务。签订合同，保质保量，实行有偿服务。根据具体情况，有全包、半包和临时包等，双方自愿。下面以植物病虫害防治技术劳务承包为例进行介绍。

（1）全包　植保站（公司）与农户签订合同，带人、带机、带药防治病虫，合同规定双方的权利和义务，如防治面积、防治次数、防治效果、应交纳费用、双方的责任义务等。

（2）半包　由农民购药，植保站（公司）负责定期检查病虫发生情况和确定防治适期，并派人进行防治，农民交纳一定的防治费用。

（3）临时包　由植保站（公司）发出病虫情报，农民临时请植保公司承包，植保公司带人、带机、带药进行防治，防治一次包一次效果。农民交一次费用。

5. 集团承包

集团承包是近几年来在以上 4 种技术承包基础上兴起的农业技术推广新方法。由技术、行政、商品、供销、财政、金融等多部门人员组成的技术推广团体，在充分调动各方面积极性的基础上，做到以配套技术为核心、行政领导为保证、物资服务为基础，达到推广技术、促进生产的目的，也称为“政、技、物”相结合的推广运行机制。

（1）集团承包的优点　集团承包是为农民提供综合和系列服务的形式，有利于重点项目的实施，有利于形成规模生产、规模效益。集团承包可以承包项目、承包规模、承包技术指导、承包产量、承包效益，并开展技术、信息、物资、培训全方位的服务。

(2)集团承包的原则　集团承包要坚持双方自愿、有偿服务原则,层层签订合同,明确双方"责、权、利",并进行公证。实践证明,搞好农业技术集团承包要建立"三个系统",即建立领导指挥决策系统、专家技术指导系统、物资供应服务系统,实行"三农"结合,即农业院校、农业科研单位、农业技术推广机构共同参与集团承包。

三、技物结合方式

1. 技物结合内涵

技术与物资结合是近年来出现的一种行之有效的推广方式,以示范推广农业技术为核心,提供配套物资及相关的产品销售加工信息的服务。这就要求农业技术推广人员采取技术、信息和配套物资三者相结合的推广方式。2022 年 5 月农业农村部办公厅颁布的《关于做好基层农技推广体系改革与建设任务实施工作的通知》中指出,以习近平新时代中国特色社会主义思想为指导,全面贯彻党的十九大和十九届历次全会精神,深入落实中央农村工作会议和全国农业农村厅局长会议精神,按照中央一号文件要求,围绕确保国家粮食安全和重要农产品有效供给,巩固拓展脱贫攻坚成果同乡村振兴有效衔接等重大任务,以深化农技推广体系改革建设为主线,强化农技推广机构公益性职责履行,推动农业科技社会化服务发展,加大优质品种和先进适用技术示范展示和推广力度,加快信息化服务手段普及应用,大力提升农技推广服务效能,为全面推进乡村振兴、加快农业农村现代化提供坚强的科技支撑和人才保障。

2. 技物结合表现形式

推广机构兴办经济实体,是技物结合推广方式的具体表现形式。根据技术推广的需要,经营相应的物资供销业务,解决过去技术推广与物资供应相脱节的弊病,为加速农业技术推广,提高经济效益提供物质保障。如由植保技术推广部门供销农药、药械、燃油、地膜、生长激素等,开展药械租赁、维修业务等经济实体;养蜂技术推广部门兴办实体,提供养蜂技术咨询,组织蜂具生产和供应,联系蜜源地点和运输以及蜂产品的收购和销售等配套服务。

3. 技物结合推广方式的作用

(1)技术推广与农用物资经营相结合,增强推广机构自我积累、自我发展的能力,改变过去"实力不强,说话不响,办事不像"的被动局面,使一大批新技术、新物资能及时应用于生产。

(2)促进农用物资的流通,方便群众,满足生产的需要。

(3)农业技术推广机构及推广人员可因地制宜地开展产前、产中、产后系统服务,兴办经济实体,走农业产业化发展道路,有效地促进了农业生产的发展。

需要注意的是,农业技术推广机构兴办的经营实体必须以农民的实际需要为出发点,以为农民服务为指导思想,不单纯追求经营利润活动,一切经营活动均以有利于农业技术推广为出发点。"立足推广搞经营,搞好经营促推广",把推广与经营紧密结合起来,坚持工作实体与经营实体同步、协调、和谐发展。

四、企业牵动方式

为了适应新阶段农业和农村经济结构调整的需要,兴办农产品加工等龙头企业,发展"贸工农、产加销"一体化,以市场为导向,农民按合同生产、销售,企业按合同收购、加工、销售。使农民种养环节有指导,生产过程有服务,销售产品有门路。采取这种推广方式,企业承担了一部分农技推广工作，同时加强了基地建设，形成了生产经营规模，搞活了市场，由企业引导农民完成产业结构的调整。

1. 推广形式

目前较多的推广形式主要为“公司＋基地（农户）＋市场”类型。例如，荷兰豆的推广应用就是采用的这种方式，即基地农民种植生产→农技人员指导→企业加工销售。这种模式对促进我国“两高一优”农业生产的持续发展是个极好的途径。

2. 企业牵动方式的优点

企业牵动方式的优点：

（1）实现利润在各个环节的合理分配，生产者、加工者和销售者利益均衡，风险共担。

（2）农业技术推广机构已成为企业内部的一个机构，推广机构、企业与农民三者的经济效益紧密结合在一起，加强了新技术推广的紧迫感和责任感。

（3）农技推广活动成了企业的一个重要活动，其活动经费、技术人员的报酬等直接进入生产成本，由企业支付，减轻了国家负担。

3. 企业牵动方式的缺点

这种推广方式也有它的局限性，更多地适于商品率高、经济效益比较好的畜牧、水产和某些特殊经济作物。在市场经济还不发达的情况下，更宜成立各类农村合作经济组织和专业协会，快速推广先进科技成果，提高农民的产业化经营水平和抵御市场风险的能力。

五、农业开发方式

农业开发方式主要是指对尚未利用的资源运用新技术进行合理开发利用，使之发展成为有效的农业新产业。其中农业科技开发是手段和桥梁，是农业开发的核心。农业开发模式按照“两高一优”农业高新技术发展的要求，满足广大农民对农业生产高效益的需要。

具体办法是：农贸结合，建立基地，推广农业技术，开展综合服务，走以市场为导向的农业技术推广新路。其优点是，促进各地“名、特、优、新、稀”农产品的开发性生产。由于我国各地自然资源和社会资源的不同，社会经济条件也存在较大差异，在开发农业资源所采取的途径、方式上就有所不同，也就出现了不同的农业开发类型，主要有以下几种：

1. 创汇农业开发

创汇农业开发以出口创汇为目标，以开拓国际商品市场信息为依托。以科学技术开发为龙头，集中投入一定的人力、物力和财力，建立出口创汇生产基地，这种开发方式技术周期短、更新快、对市场反应灵敏，因而对市场和技术信息依赖性强，对人才的条件要求也比较高。

2. 区域综合开发

区域综合开发主要表现为根据区域规划和生产力的合理布局，建立不同类型、不同层次的“种、养、加工、生产、销售”一条龙的商品生产基地，促进各生产要素的优化配置，实行多学科化、集团化、集约化的基地开发。

3. 城郊农业开发

城郊农业开发按照“服务城市、富裕农村”的原则，以实施“菜篮子”工程为主要内容，把科技开发纳入区域城乡经济发展计划，满足城市人民的生活需要，既促进城市的发展，同时也有利于城郊自身经济的繁荣。

4. 庭院经济开发

庭院经济开发以庭院农业为基础，围绕主导产品实行多层次的空间利用和种养配置，发展相应的技术，使多年不显眼的空地变成商品生产的场所，使专业户发展为规模经营。

5. 生态农业开发

生态农业开发以生态学理论为指导，把农业资源作为一个系统，通过科学技术的投入，合理有效地发挥各种资源的生态潜力，形成复合、立体、农林牧渔综合发展的农业生产结构，达到合理利用地表、地下、水面、空间资源，使社会效益、生态效益和经济效益有机统一，促进农业持续稳定发展。

6. 系列化产业开发

系列化产业开发以一项农产品生产经营为基点，然后延长、拓展，逐步形成产前、产中、产后的系列化配套技术体系，从单纯出售初级农产品转向农副产品的深度加工开发，从而提高农业经济的整体效益。

六、科技下乡方式

科技下乡是以大专院校、科研院所等单位为主体，将高校、科研机构和技术部门的科技成果和先进技术，通过适当的方式(如科技大篷车、小分队等)介绍给农民和乡镇技术干部，使科技更好地应用于农村各行各业，从而推动农村经济的发展，有利于提高社会效益、生态效益和经济效益，加速农村物质文明和精神文明的建设。

科技下乡是具有中国特色的农业技术推广方式，具有重要意义，具体内容如下。

(1)科技下乡是“科教兴国”“科教兴农”的政策体现，推动了“农科教、产学研”的结合，促进了农村经济的发展。

(2)科技下乡为学校与地方、专家与农民信息沟通架起了桥梁，实现了农业科技信息的直接传递，加速了高校、科研院所科技成果的转化及农村产业结构的调整。

(3)科技下乡是目前我国农业技术推广体系的重要补充。科技下乡一般由农业主管部门牵头组织，由科研院所和大专院校具体实施，具有技术性强、针对性强、系统性强等特点，能高效地对症下药，解决实际问题，加快科技推广速度。

(4)科技下乡是提高农民科学文化素质的有效途径。通过科技下乡，向农民传播新思想、新观念、新理论，增强农民的科技意识。

(5)科技下乡有利于充分发挥科研院所和职业院校的潜力，为科研和生产实践找到结合点。为教学、科研提供需要研究的新问题、新思路，培养、锻炼一批理论基础扎实、实践经验丰富的科研、教学骨干。

(6)科技下乡有助于农村调查研究，有利于宣传党的方针政策。

七、科技入户方式

科技入户方式是科技成果转化的直通车，能打通农业技术推广的“最后一公里”。农户作为我国农业生产经营的基本单位，承担着接受和使用农业新技术的任务。从农业发展和农民实际需要出发，推动农业科技入户，对于提高农民科学文化素质和科技应用水平，加速农业科技进步与创新，加快实现农业现代化，具有重要的意义。

科技入户方式指国家有关部门组织各级各类科技单位和人员深入生产第一线，示范推广优良品种和配套技术，对农民进行农业科技培训，实现“科技人员直接到户，良种良法直接到田，技术要领直接到人”，直接目的是培育和造就一大批思想观念新、生产技能好、既懂经营又善管理、辐射能力强的农业科技示范户。发挥科技示范户的带头作用，拓宽科技下乡的渠道，同时在全国构建政府组织和市场机制推动，科研、教学、推广机构带动，农业企业和技术服务组织拉动，专家、技术人员、示范户和农户互动的新型农业科技网络模式健康发展。

八、专业协会方式

专业技术协会、专业合作社是农民在参与市场活动过程中，根据当地产业发展特点，自发组织起来的。协会是以农民为主体、农民技术员为骨干，吸收部分专业技术人员作顾问。主动寻求、积极采用新技术、新品种，谋求高收益的经营组织。各地常见的农民专业技术协会有园艺协会、种植协会、养殖协会、果树协会等多种专业类型。

中共中央、国务院在《关于当前农业和农村经济发展的若干政策措施》中明确指出：“农村各类民办的专业技术协会(研究会)，是农业社会化服务体系的一支新生力量。各级政府要加强指导和扶持，使其在服务过程中，逐步形成技术经济实体，走自我发展、自我服务的道路。”

专业协会、研究会、合作经济组织上靠科研、教学、推广部门，下连千家万户，面对城乡市场，具有较强的吸收、消化和推广新技术与新成果的能力，具有带领农民走向市场、参与市场竞争的能力，已成为农业技术推广的新型组织形式，是一支重要的推广力量，目前我国农村专业协会、专业合作社进行农业技术推广工作主要有以下 3 种方式。

1. 技术服务方式

农村专业协会、专业合作社通过开展技术研讨活动，交流、发现和解决农业生产中的技术难题，为会员及周围群众的生产、经营提供技术服务。

2. 开发方式

通过引入教学、科研单位进行协作攻关，解决影响当地农业生产发展的主要技术问题，或引入大的农业项目共同研究与开发，这种方式可以实现研发者和生产者的直接结合，有利于研究新的技术措施，开发新的生产项目，产生较好的社会收益和经济效益。

3.“科、教、商贸”一体化方式

农村专业协会、专业合作社牵头组织，由农业科研单位进行项目的研发、选择与改造组装，涉农教育部门进行技术培训和推广，物资部门进行农业生产资金的组织、农用物资的配套供应和农产品的销售、运输和深加工。

二维码 4-1　世界农业技术推广方式

项目三　农业技术推广方法运用

农业技术推广方法是农业技术推广部门和推广人员为实现推广目标，对推广对象所采取的不同形式的组织措施、教育和服务手段。农业技术推广的手段是指在传播农业技术时所利用的各种载体和媒体。

一、大众传播

大众传播是农业技术机构和推广人员将农业技术和信息经过选择、加工和整理，通过大众传播媒体传播给广大农民的技术推广方法。

（一）大众传播媒体的特点

1. 信息传播权威性高

通过大众媒体传播的技术、信息是经过加工整理的，其技术信息具有较高的权威性。所谓权威性，是指大众媒体刊载的信息，除了信息本身的价值外，还附有发行机构的声望。例如中央电视台、地方电视台和个人发表同一信息，人们在心理上的接受程度就不同。相同的信息，由大众媒体传播，比个人传播具有权威性，接受者更容易接受。

2. 信息传播数量大、速度快

大众媒体如印刷品可印刷若干份，广播稿件可多次广播，电视片、影片可在全国各地播放，广播、电视、网络、电话等在短时间内可传遍全国乃至全世界。有些信息需要以最快的速度传播，如大风降温预报、病情虫情预报、台风暴雨预报等。

3. 信息传播成本低、范围广

大众传播速度快、传播范围广。尽管制作和播放一套节目要花费较多资金，但由于大众传播接受的人数多，单位人力、物力的投入可获得广泛的推广规模和众多的接受者，如果宣传费用按收听、收看节目的人数平均分摊，大众传播则是一种提供信息最廉价的渠道。

4. 信息传播方式多是单向的

大众传播媒体如印刷品、电视、电影的信息传播是单向的，由一方传到另一方，无法做到发送信息者与接收信息者面对面地双向沟通，更无法传授实用技术、技能和进行现场咨询，接收信息者处于一种被动的接受的状态。

（二）大众传播媒体类型及其特点

大众传播媒体分为印刷品媒体、视听媒体和静态物象媒体 3 种类型，并各有特点。

1. 印刷品媒体

依靠文字、图像组成的农业技术推广印刷品媒体包括报纸、书刊和活页资料等。这些读物可以不受时间限制，供农民随时阅读和学习；可以根据推广项目的要求，提前散发，能较及时、大量、经常地传播农业信息。

（1）报纸、杂志　报纸是农业技术推广的有效传播渠道，具有传播对象广、传播速度快、信息容量大的特点。编辑报纸应注意掌握及时性、重要性、准确性、鲜明性、生动性和趣味性，以提高报纸的实用价值。推广人员应通过报纸报道下列内容：重要推广活动，如调查研究、参观考察、演讲、会议等；各种与推广有关的信息，如科研成果、推广成果、典型经验、市场信息、统计数据等；特写文章，较详细地介绍背景信息。

杂志与报纸相比，具有信息容量大、内容丰富、系统的特点，但一般周期较长，没有报纸传播速度快。

(2)墙报　墙报是一种应用比较广泛的技术推广手段。一般来说,墙报具有体裁广泛、形式多样、内容丰富,时间可根据要求而定,省时省力,适合农业技术在一定区域传播的特点。墙报一般张贴在人群密集的建筑物上,如村委会、公共场所的墙壁上。当然,如果再加上新颖实用的内容,图文并茂、具有乡土气息的版面,就一定能够吸引更多的农民。但墙报具有传播面狭小的缺点。

(3)黑板报　如果推广部门经费不足,尤其是在村级农业技术服务组织缺乏经费的情况下,黑板报是一种经济实用的推广手段。在人群密集的街道、场所挂一块黑板,利用粉笔、毛笔、彩色颜料等简单的工具,就可办成一块经济有效的板报。与报纸、墙报等形式相比,只需要较低的费用就可进行宣传教育。要注意根据生产和技术推广的需要,抓住关键技术,以简明扼要的方式进行介绍,也可进行科技知识的连载。要注意勤写、勤换、图文并茂、实用、实际、实效。

2. 视听媒体

农业技术推广活动中的视听媒体是指利用声、光、电等设备,如广播、电视、录像、电影、计算机等,传播农业科技信息。这种宣传手段比单纯的语言、文字、图像具有明显的优越性。视听媒体以声像与农民沟通,是一种农民喜闻乐见的方式。

(1)广播　广播包括无线广播和有线广播两种,二者都是只能传递声音,无法传递图像。主要区别有以下 3 点。

①传播声音媒介不同。无线广播是以电磁波为媒介传递声音,有线广播则是以导线为载体传递声音。

②声音传播的范围不同。前者不受时间、空间限制,传播距离远,后者受线路分布的限制,传输距离短。

③接收装置不同。前者用收音机收听信息,后者则要用扩音装置收听。不论无线或者有线广播都是大众传播农业技术常用的手段。

(2)电视　电视是远距离图像和声音的直接传播手段,是当代人类传递和接受声像信息最多、最快的一种工具。在农业技术推广中,运用电视节目开展农业技术专题讲座,介绍新信息、新品种、新产品,宣传新技术成果等,影响面大,效果好。电视教学是把原理、原则与实物、图片、图表、数据结合运用在电视媒介中,是一种理论联系实际的有效手段。电视教学的内容根据需要灵活安排,时间可长可短,可重复使用,也可作为技术培训的教具。

(3)录音、录像　录音是通过唱片录音、磁性录音、光学录音等方法把声音记录下来,以备随时播放。它可以长期保存,反复使用,有利于扩大传播范围、增强传播效果。录像是把图像和声音信号变为电磁信号的记录过程,它是电视传播过程中不可缺少的一个环节。在农业技术推广中录像非常重要,它能把推广工作者或示范户的声音、形象真实地反映在农民面前,是提高推广效果的重要手段。

(4)电影　电影是用摄影胶片,通过复杂的调控,利用声、光、电传递音像的一种动态视听媒介。农业电影是指专门用来传递农业信息的影片,有农村故事片、农业科教片、农业纪录片等。电影能将人物声音、图像、色彩结合在一起,吸引力较强,深受广大农民群众的欢迎。

(5)网络　通过网络传播农业技术已成为广大农民接受新技术的一条重要渠道。网络传播具有以下特点:

①实时性。信息可以随时传播，既包括了传播的真实性，又包括了传播的有效性。农业新技术可以在网络上以文本、图像、音频、视频等形式实时公布，满足广大农民的技术需求。

②兼容性。与传统大众媒体相比，网络具有极大的兼容性，包括了所有媒体的传播方式，可以实现双向传播。

③延展性。从时间上看，信息传播不受传统媒体出版发行周期的限制；从空间上看，信息的发布是无限制的。

目前，我国的农业信息网络建设飞速发展，网络终端已经普及到乡镇，下一步建设的重点是村级信息网络。广大农民足不出户、轻点鼠标或打开手机，就能了解到各类农业技术和市场信息，还可以利用网络出售自己的产品。

3.静态物象媒体

静态物象是以简要明确的主题将物象展现在人们能见到的场所，从而影响推广对象的方式，如广告、标语、科技展览、陈列等。静态物象媒体以静态物像与农民沟通。这里着重介绍科技展览陈列的方式。

科技展览是将某一地区成功的技术或优良品种的实物或图片定期地、公开地展出。科技展览能够把听和看有机地结合，环境和气氛比较轻松愉快，有利于推广人员和农民的接触和交流，也有利于技术的普及和推广。为提高科技展览的效果，一般应将展览场所安排在交通方便、较为宽敞的地方，并设置明显的标记；展览之前，要大力宣传，使农民知道展览的时间和内容；展览过程中，展览陈列要突出主题，以明显的对比、生动的形象、鲜明的色调，配合讲解，示范表演呈现。最好在介绍技术时，附有资料或销售相应的生产资料和其他物品。

科技展览的陈列品有以下3种形式：

(1)样品　包括农用物资、农机具、农业生产成果样品或标本等，直观地反映推广内容的形态和特征，加上图文介绍，便于农民了解其性能、特点、使用方法等。使用的样品要求可信度高、直观性强，便于扩大传播范围和满足农民学习的重复性要求。在展品选择上要求具有典型性和代表性，反映实物真实特征，可通过操作、表演、示范等方式强化传播效果。

(2)模型　绘制农业技术成果的图片或制作模型，反映其特征或特性。可以运用放大、缩小或夸张的手段，提高清晰度和可视性，一般比实物造价低、耐搬运。

(3)照片　与模型的特点和功能基本一致，其优点是画面更加真实可信。通过对不同时间、空间的照片进行编辑、排列，可以全面、系统地反映农业技术的全过程，增强传播效果。

(三)大众传播法的应用

在农业技术推广活动中，根据大众传播不同媒体的特点和农民采用新技术的不同阶段，扬长避短，充分发挥媒体的作用。在推广初始阶段，利用广播、电视等反复传播适合农民需要的科技信息，以引起农民的注意和重视。当农民已经了解科技信息，需要进一步深入学习时，应采用科技展览的方法，进行新技术与原技术对比，加深农民的认识，激起农民对新技术的兴趣。当农民准备试用时，应向他们提供相应的产品、资料等，组织现场参观，使他们掌握技术细节，确保试用的成功。总之，大众传播的方法要根据不同的推广对象及其认识程度，有针对性地采用。

一般情况下，大众传播法适用于以下7种情况。

(1)介绍农业科技新观点、新成果，提高广大农民的兴趣和认识。

(2)及时发布天气预报、病虫害预测预报等,并提出具体措施。

(3)介绍成功者的经验,以便他人学习。

(4)针对多数农民共同关心的问题提供咨询。

(5)扩大推广活动的影响。

(6)传播具有普遍指导意义的技术信息和具有重大效益的信息。

(7)强调或重申重要的信息和建议,以便加强记忆。

二、集体指导

集体指导又称团体指导或小组指导,即在同一类型地区,生产和经营方式相同的条件下,采取小组会议、示范、培训、参观考察等方法,集中地对农民进行指导和传递信息的方法。采用集体指导方法,一次可向多人进行传播,达到多、快、广的目的,是一类介于大众传播和个别指导之间的比较理想的技术推广方法。

(一)集体指导的特点

1. 指导范围较广,推广效率高

集体指导是一项具有一定规模的活动,涉及对象相对较多,推广人员把信息传递给农民,农民作为"义务广播员"对信息进行广泛传播。可以节约农业技术推广人员的工作时间,提高推广效率和经济效益。

2. 信息双向交流,反馈及时

集体指导一般是由推广人员引导农民从事各种活动,推广人员和农民可以面对面地沟通,推广人员的建议、示范、操作可以立即得到农民的反馈,以便推广人员采取相应的措施,使农民真正掌握技术,为后期使用打下良好的基础。

3. 有利于开展讨论,达成一致意见

推广人员与农民之间可以进行讨论,农民与农民之间也可以进行讨论或辩论。通过讨论可以解决对某些技术信息的模糊认识和片面理解。通过互相交流、讨论,最后达到完全理解,掌握技术的目的。

4. 注重整体效应,个人意愿难以满足

集体指导注重整体性,在短时间内,只是对每个成员共同关心的问题或感兴趣的事情进行指导或讨论,解决共性问题,而对某些人的特殊要求则无法立即满足,解决这类问题就需要结合个别指导。

(二)集体指导的原则

1. 重引导,坚持自愿参加

集体指导的内容一定要适合农民的需要,要想农民之所想,急农民之所急,讲农民心里想知道、想解决的问题,这样才能调动农民学知识、用技术的积极性,引导农民主动学习。不能采用强迫的手段,要求农民学习。

2. 重实际,考虑农民特点

农民既是生产者又是经营者,他们每天除了从事生产和经营活动外,还要完成许多家务劳动，体力和精力消耗较大，所以一般晚上休息较早。为此，在进行集体指导时，一方面要选择合适的时机，如雨天和农闲季节；另一方面要努力提高集体指导效率，讲课时多举实例，多讲怎么做，少讲为什么，尽可能利用课件、挂图、实物、标本、音像等直观指导教具，有助于提高农民参与仿效的积极性。

3. 重质量，注重指导效果

集体指导的对象多而复杂，授课前一定要做好充分准备，讲课要有讲稿或教材，必要时可印发一些文字材料，对农民容易提出的问题及解答的方式、方法做到心中有数。同时讲课时语言要简洁精练，形象生动，幽默风趣，朴实无华。

（三）运用集体指导的要求

1. 对推广对象的要求

集体指导是推广人员与农民、农民与农民之间面对面交流的集体活动，所以选择参加集体指导的对象必须是对同一类问题感兴趣的人，这样容易在讲授、示范、讨论过程中形成共同的语言和兴趣，有助于实现同一目标。

2. 对时间的要求

选择每个成员都能参加的时间。确定时间时，农业技术推广人员要与农民进行协商，征得多数人同意后，确定集体指导的时间，利用各种方式通知每位参加者，尽量保证全部参加。

3. 对方法的要求

集体指导的方法较多，如小组讨论、示范、讲座、现场会、参观考察等。指导方法的选择要根据培训的内容和效果而定，选择能解决问题的最有效方法，有时根据要求可以两种或几种方法结合、穿插进行。如讲座与参观考察、小组讨论与示范相结合等。

4. 对方式的要求

参与式讨论是集体指导方法最突出的特点。因此，必须引导农民提高参与意识，只有当每位成员充分参与到该组织中，并敢于发表自己的见解，才能使这一形式更活泼、更具有吸引力，从而收获理想的效果。

5. 对规模的要求

小组活动的规模不能太大，一般最适宜的小组规模为 20～40 人。规模大成员容易变得松散，讨论问题时也不容易形成一致的意见。规模小有利于成员之间的密切接触，有更多的参与机会，有更多的条件来增进友谊与互相帮助。

（四）集体指导的应用

集体指导有集会、小组讨论、培训班、示范、现场指导等多种形式。

1. 集会

集会有很多种类，按讨论的方式分类，有以下 4 种形式。

（1）工作布置会　上级推广部门向下级推广部门安排部署推广项目时，一般多用这种形式。在工作布置会上，提出项目要求、目标、方法和具体实施方案。

（2）经验交流会　邀请项目推广的先进典型、劳动模范、科技示范户等介绍他们的经验、做法及体会，达到传播技术和经验的目的。

(3)专题讲习班　定期用广播或报告会的形式，就推广项目的技术问题进行讲解，或提供有关信息和技术专题知识，组织农民听讲，规模可大可小，根据实际情况而定，时间以 1 天为宜。例如，农药安全使用、病虫测报、土壤诊断测试讲习班等。

(4)科技报告会　组织专家、学者和农业技术推广人员成立科技报告团，进行巡回演讲并发放科技信息资料，报告内容要精练，适合农民需要，时间宜短不宜长。

2. 小组讨论

小组讨论是应用最广泛的推广方法，一般采用农业专题讨论和非正式讨论两种方法。

(1)农业专题讨论　农业技术推广人员根据农民关心的问题，提出讨论的问题，并邀请对此问题有经验或有见解的农民参加讨论。选定的问题要新颖，而且能引起农民的兴趣，在讨论中如引起争论，推广人员要加以引导，力争能取得良好效果，使参与讨论的农民认识得到提高。

(2)非正式讨论　农业技术推广人员利用农民认为合适的时间，不拘形式地把部分农民集中在一起，讨论大家共同关心的问题，交流信息、经验和观点，推广人员借此机会把有关的知识和技术推荐给农民。

①小组讨论适用情况。小组讨论在农业技术推广中适用于以下情况：改变参与者的观点；激发参与者的合作精神；培养参与者的责任感；提高参与者的评论和思维能力；发现和鼓励富有潜力的领导者；对某个问题或看法做出一致的决定。

②小组讨论包含的阶段。小组讨论需要经过设计、组织、讨论、总结等阶段。其中一个很重要的问题是讨论主持人的选定。一个优秀的主持人应具备有关讨论问题的基本知识，以便引导讨论。同时还要使讨论在轻松、愉快的环境下进行，取得预期效果。

③小组讨论的优点。小组讨论有很多好处。参加者可以互相学习、交流经验；在会上通过听到不同的见解，提高自己的辨别能力，培养为形成小组决议所需的责任感和合作精神以及对不同意见的容忍态度。对推广人员来说，至关重要的是通过小组讨论，不断引导农民改变他们原有的态度和做法。

④小组讨论的缺点。小组讨论的不足之处是花费时间较多，只有在分组范围较小的情况下讨论才会有效地进行。讨论会通常不适用传授具体技能。另外，讨论还要求参加者必须能够用同一种语言交流，对即将讨论的问题，也应有一定的了解和认识。

3. 培训班

在一定时间内，把与推广项目有关的人员组织起来，就项目推广过程中的技术问题进行集中培训。根据参加人员的不同，其培训的内容深浅应有所不同，如果是推广项目区的有关领导、推广人员、农民技术员、科技示范户，可以就推广项目中的技术信息进行较为系统的培训，时间可长一些，内容可丰富一些。而对推广项目区内的一般农户，只能在生产的关键环节，就某些技术要点、具体做法和注意事项进行有针对性的培训。

4. 示范

示范分为成果示范和方法示范，是推广工作中常用的行之有效的手段和方法，是指通过实际操作，向农民展示某项新成果在农业生产实际应用中所获得的结果，或某一新技能的实际操作过程。例如，引进水稻优良品种经试验成功后，必须选好示范户和示范地点进行示范推广工作，通过示范效果展示给周围农民，引起农民的兴趣而进行效仿，为大规模推广做准备。果树修剪、农机具使用、玉米去雄、仔猪去势、雏鸡公母识别等均可进行方法示范。

5. 现场指导

现场指导是指组织基层领导、技术员、科技示范户及农民到试验、示范现场参观考察，推广人员对他们进行实地指导，是通过实例进行技术推广的重要方法。参观的地点和单位可以是一个或几个，交通要便利。参观单位可以是农业试验站、农场、科技示范户、农户、专业合作社或其他农业企业。通过参观访问，农民可以亲自感受新的技术信息和成功经验，不仅增加了知识，而且会产生更大的兴趣。

现场参观应由技术推广人员和乡、村负责人共同组织，应有目的、有组织、有计划地进行。参观的人数不宜过多，在参观过程中，推广人员同农民可以边看边议，及时进行指导。参观结束时，要组织农民讨论，帮助他们从看到的事实中得到启发。每次现场参观结束，要进行评价总结，为今后组织参观提供借鉴。

三、个别指导

个别指导是推广人员和农民单独接触，研究讨论共同关心或感兴趣的问题，是向个别农民直接提供信息和建议的推广方法。农民因教育程度、年龄层次、经济和环境条件的不同，对创新的接受反应也各异。个别指导宜采取循序渐进、贴近农民的方法，有利于农民智力的开发及行为的改变。

（一）个别指导的特点

1. 针对性强

农民的情况千差万别、各不相同，个别指导有利于推广人员根据不同的对象，采取不同的方式、方法，做到有的放矢，适应其个别要求，使个别问题得到解决。个别指导可以弥补大众传播和集体指导的不足。

2. 解决问题的直接性

推广人员与个别农民或家庭直接接触，平等地展开讨论，充分地交流看法，认真听取农民的意见，坦诚地提出解决问题的方法和措施，能使农民的问题及时得到解决。

3. 沟通的双向性

推广人员与农民的沟通是直接和双向的。一方面有利于推广人员直接得到反馈信息，了解真实情况，掌握第一手材料；另一方面能促使农民主动地接触推广人员，愿意接受推广人员的建议，推广人员和农民容易建立起相互信任的感情。

4. 信息发送的有限性

个别指导的效果是个别而又分散的，单位时间内信息发送量有限，服务范围窄，占用人力、物力多，费用高，不能迅速在广大农民中传播新技术。

（二）运用个别指导的要求

1. 良好的交通和通信条件

个别指导需要与农民进行直接联系，由于农民居住分散，联系和沟通有一定的困难，具有良好的通信和交通条件是个别指导顺利进行的前提和保证。

2. 有较多的高素质推广人员

个别指导对推广人员有以下要求。

(1)推广人员要有解决实际问题的推广能力。

(2)推广人员要不怕苦、不怕累,具有较强的事业心、责任感和献身农业的精神。

(3)推广人员态度要谦虚,对农民要有爱心、有耐心,尊重农民。

(4)推广人员要深入研究和充分了解农民的个别需求,及时掌握反馈信息。

3. 技术指导与经营服务相结合

在个别指导时,推广人员提出解决问题的办法,往往需要技术和物资配套应用,这样可以有针对性地解决生产技术问题,同时推广单位也能有一定的收益。

(三)个别指导的应用

个别指导主要有访问农户、办公室咨询、信函咨询、电话咨询、田间旗帜、计算机服务等形式。

1. 访问农户

访问农户是推广人员与农民之间最常见的个别接触形式,推广人员与农民之间面对面地直接沟通,虽然成本高,接触面小,但针对性和说服性强。所以访问农户在推广计划的设计或执行期间,都具有较高的使用价值。通过访问农户,推广人员可以最大限度地了解农民的需要,帮助农民解决问题,特别是解决个别农民的特殊问题。

(1)访问农户适宜时期　适宜的访问时期如下。

①受农民的邀请。

②与农民约定的时间。推广人员可以与农民建立较密切的关系,使农民认识推广人员的能力与热诚。

③农民试用新技术、新方法时。如农民接受推广人员建议引种杂交高粱进行试种时,推广人员的访问会促进农民实施新技术。

④推广人员为了掌握某地区的农业问题及农业技术推广工作的成果。

⑤在技术采用或生产出现特殊情况时,需要推广人员的指导。

(2)访问农户注意事项　为了提高访问农户的效果,要注意以下几点。

①访问要有计划、有目的、有准备地进行,如果农民提出的问题解决不了,要实事求是地向农民讲明。

②选择好访问对象,应重点选择农村的示范户、专业户和贫困户,以及具有代表性的一般农户。

③坚持经常访问,特别在关键时期要抓准时机对农户进行访问,不断向农民提供信息,发现问题并及时帮助农民解决问题。

④访问农户时,推广人员要有同情的态度,关心农民的生产和生活问题,并有兴趣和信心帮助其解决。

⑤做好访问记录,尽可能多记、记全,访问后要及时整理访问记录。

⑥访问要有结果,对被访问农户要进行考评。

二维码 4-2　访问农户实施步骤

2. 办公室咨询

办公室咨询又称办公室访问或定点咨询，是推广人员在办公室(或定点的推广教育场所)接受农民的咨询，解答农民提出的问题或向农民提供技术信息、技术资料的行为。这种形式反映了农民学习的主动性，是比较高层次的咨询服务工作。农民到办公室访问咨询，从心理上分析，这类农民更希望得到帮助和亟待解决某一问题，期望推广人员给予一个满意的答复，同时这类农民一般学习兴趣较强，对推广人员要求也较高。从主动与被动的角度分析，这类农民是主动求教的，他们很容易接受推广人员的建议和主张，指导的效果较好。

(1)办公室咨询的注意事项　为了鼓励农民来访，推广人员应注意以下几个方面。

①咨询地点应设在农民来往方便的地方，规定的接待时间也要尽可能对农民方便。

②推广人员应严格遵守办公时间，不能让农民空跑，还应建立来访登记、值班登记制度。

③设置最新的信息公告栏，准备一些技术资料、技术明细表、挂图、推广宣传画等。

④推广人员应热情接待来访农民，主动询问他们关心的问题，尽可能使来访农民满意而归。

(2)办公室咨询的优缺点

办公室咨询的优点：

①来访问的农民都是想接受推广人员指导的人员，指导效果好。

②推广人员节约了时间和资金，与农民交谈密切了双方的关系。

办公室咨询的缺点：

①来访的农民数量有限，不利于新技术迅速推广。

②农民来访不定期、不定时，提出的问题具有不确定性，推广人员回答问题有一定的难度。

许多推广机构可以从办公室咨询工作中捕捉信息，进行跟踪调查，获得更详尽的资料，进而采取更有效的措施。推广人员可利用节假日、集会和各项公众活动日，开展咨询、宣传活动，能有效地克服办公室咨询的缺点。

3. 信函咨询

信函咨询是个别指导的一种有效形式，以发送信函的形式传播信息。它不受时间、地点的限制，也没有方言的障碍。不仅为推广人员的工作节省了大量时间，而且农民还能获得较多、较详细、可保存的技术信息资料。

(1)信函咨询的应用区域　信函咨询在发达国家和地区应用较为普遍，在发展中国家和地区应用较少。其原因是：

①农民文化程度偏低，不愿意看资料。

②农业技术推广人员回函要占用较多时间，效果慢。

③函件邮寄时间长，解决问题不及时等。

因此，为了激发农民的积极性，推广人员在回答农民的问题时，应尽可能选用准确、清楚、朴实的词语，避免使用复杂的专业术语，字迹要清楚，并注意向农民问候，对农民的信函要及时回复。

(2)信函咨询时注意事项　信函咨询时应注意以下问题。

①推广部门要设专职或兼职人员负责处理农民的来函。

②回答问题必须建立在了解当地情况的基础上，必要时要进行实地调查和了解，然后再作

出回答。

③对农民提出的问题及时回答，不能延误，以免耽误农时和失去信誉，如果推广人员答复不了，要请有关部门的专家答复。

④答复的内容要让农民能够看得懂，最好使用当地农民习惯的语言或方言，必要时可连同答复寄送有关技术资料。

4. 电话咨询

利用电话进行技术咨询，是一种效率高、速度快、传播远的沟通方式。农业农村部在全国范围内启用“12316”全国农业系统公益服务统一专用号码，并以“12316”代码为纽带，统筹规划语音电话、手机短信、互联网络等现代传播手段，全力打造“12316”综合信息服务平台，树立农业系统信息服务的统一品牌和形象，加快推进农业农村信息化建设。

但电话咨询也有一定的不足。

①受时间的限制，不能畅所欲言。

②受环境限制，只能通过声音来沟通，不能面对面接触，其效果受到限制。

③费用高，农民不愿使用。

5. 田间旗帜

田间旗帜是在推广人员走访农户或到田间调查，未遇到当事人时而采取的一种约定俗成的沟通方法。

(1)田间旗帜做法

具体方法是：当推广人员到田间调查时发现某一田块病虫严重，或是脱肥、生长过旺需要采取某种措施时，推广人员可将调查结果、处理意见或建议写好，放到事先准备好的小三角形红旗口袋里，用树枝或铁丝将其竖立在田中农户易于发现的地方。农户看到小红旗从口袋里取出信息后将它插回原处，按技术人员的建议进行操作。下次再根据问题解决的情况与农户联系。

(2)田间旗帜做法优点　这种方法的明显优点是当农民不在家或不在地里时，推广人员也无须花费时间去找他们。问题处理之后，仍然可以按照原定计划继续进行下一步工作，有利于推广人员有效地安排自己的工作。

6. 计算机服务

人类进入计算机时代以来，计算机已成为农业技术推广工作的重要工具，发挥着十分重要的作用。

(1)技术监测　对农业环境、农业生态和农作物生长发育情况的观察资料进行分析处理，获得农业生产所需要的信息，并向生产者提前发出预报、警报或报告，为农业技术措施的选择提供依据。这一系统的服务内容包括病虫害预测、天气(尤其是灾害性天气)预报、土壤肥力及矿质营养监测、作物生长发育进程监测等。例如，丹麦植物保护研究中心建立的病虫害监测系统，在播种之前，研究中心调查到当年可能的种植者，随后与之联系，研究中心定期发出灾害情报和植保通信。

(2)信息服务系统　建立通用技术信息库，将农业科学研究成果和实用技术信息储存于软件中，用户根据需要，输入关键词即可调出有关信息，指导农业生产。这样的系统可大大提高数据的共享和查询效率。

（3）专家系统　专家系统是人工智能研究的一个应用领域，总结和汇集专家的大量知识与经验，借助计算机进行模拟、判断和推理，以解决某一领域的复杂问题。专家系统的结构一般由人机交互接口、推理机构、知识库和综合数据库组成。

目前已有不少农业专家系统应用于生产实践，如黑龙江省的大豆生产专家系统，水稻、小麦栽培管理专家系统，作物病虫害预测、预报和防治专家系统，配方施肥及配合饲料专家系统等。农业专家系统具有系统性、灵活性和高效性的特点。专家系统一旦建立，操作简单，无须计算机专业人员，初中以上文化程度的农民就可以使用。

模块小结

农业技术推广总体上包括项目选择、试验、示范、培训、服务、推广、评价7个步骤，其中试验、示范、推广为基本程序，其他为辅助程序。推广人员应充分结合当地自然条件和经济条件，根据技术特点灵活选择运用。农业技术推广方式在继承原有的基础上形成了适应市场经济发展和“两高一优”的农业发展新形式：项目计划方式、技术承包方式、技物结合方式、企业牵动方式、农业开发方式、科技下乡方式、科技入户方式和专业协会方式。农业技术推广的基本方法主要包括个别访问法、集体指导法、大众媒体传播法、农业科技信息综合服务法，其中个别访问法以农户访问法和咨询法为主；集体指导法以集体讨论法、集会演讲法、组班培训法为主；大众传播法以印刷品媒体传播法、视听媒体传播法、静态物象媒体传播法为主；农业技术推广的程序、方法和方式基本成熟，在实际应用中，以此框架为基础，根据当地实际情况和现实需要灵活运用，不断创新。

模块巩固

1.农业技术推广的基本程序是什么？
2.我国农业技术推广有哪些推广方式？
3.农业技术推广有哪些方法？各有什么特点？
4.集体指导法有哪些形式？
5.个别指导法的优点是什么？
6.在农业技术推广工作中，如何根据实际情况灵活选择不同的农业技术推广方法？

模块五
农业技术推广项目选择与实施

【知识目标】

通过本模块学习，了解制订农业技术推广项目计划能够考虑的条件，理解制订农业技术推广项目计划的依据，掌握农业技术推广项目计划的制订过程；熟悉农业技术推广项目的选择原则，掌握农业技术推广项目的确定程序，掌握制订项目实施方案的要求、落实实施方案和监督检查的方法。

【能力目标】

具备编制农业技术推广项目计划的能力，能运用选择推广项目的方法，明晰确定农业技术推广项目的环节，能运用落实实施方案和监督检查的方法，能够编制推广项目的可行性研究报告。

农业技术推广是将先进的科学技术由潜在生产力转化为现实生产力的过程，实施项目带动是农业技术推广的有效方法；项目计划是实现推广目标的蓝图，项目的选择与论证是实现目标的重要前提，项目的实施与管理是实现目标的有效途径。重点是农业技术推广项目的选择与实施，是提高农业科技成果转化，创造最佳效益的有力保障。

项目一　制订农业技术推广项目计划

农业技术推广项目计划是保证工作有目标、有计划、有组织、有步骤进行的前提，是将农业科技新成果、新技术尽快转化为现实生产力的有效途径，是搞好农业技术推广项目管理的重要环节。

一、制订农业技术推广项目计划的依据

1. 国家的需要

我国是一个农业大国，农业科学技术是我国农业持续发展的基础，为促进农业科技进步，保障食物安全，国家会组织各级农业技术推广机构实施科技推广计划，如“丰收计划”“星火计划”“科技成果重点推广计划”等，这是制订农业技术推广项目计划的主要依据。

2. 农民的需要

农业技术推广是为农村和农民服务的，农民的需要是制订农业技术推广项目计划的主要

依据，农业技术推广项目计划必须符合农民的利益，满足农民的生产生活需求。不同地区的农民所处的经济条件、生活条件和环境条件差异较大，对推广工作的要求也不同，在制订农业技术推广项目计划时，一般要满足大多数农民的要求，尽量满足农民的需要。

3.社会的需要

发展农业生产的最终目的，是为了满足社会的需要。农业技术推广项目计划同其他任何计划一样，都只能是社会长期发展计划的一部分。农业技术推广项目计划要同社会的长期发展计划有机地结合起来，保持计划在宏观整体上的一致性。如社会需要增加粮食作物和经济作物的生产，为城乡提供食品和工业原料，增加农副产品出口创汇等，在制订计划时都要认真考虑。

不同地区的自然条件、生活习惯和经济状况存在差异，其社会需要自然也就各不相同。我们在制订推广项目计划时要考虑各地区的差异和不同需求，尽可能做到因地制宜、因时制宜，做到既能合理利用当地自然、资源优势，又能满足社会需要。

4.市场的需要

随着农业生产水平、技术水平的不断进步，市场经济日益发展。农业产品已经不只是产品，还越来越多地体现商品属性。农民生产的目的不只在于自身的消费，更多的是为了交换，是为了面向市场。因而，在商品经济条件下，制订农业技术推广项目计划必须考虑国内外市场的需要，既要增加产品数量，更要大幅度提高产品品质；同时要以市场为导向，根据农产品市场需求，调整农业生产结构与布局，调节市场供应季节、做到均衡供应，提高农产品的商品率，充分发挥市场效益。

5.专家的意见

从事农业科技工作的专家，由于精通理论和长期工作实践积累，在技术上具有权威性。在制订推广计划时他们通常会根据国内外的科技信息、自身的科技活动，结合当地的实际情况，从历史经验和现实需要出发，提出需要改革的技术措施和推广目标。

以上5个方面的依据应有机结合，融为一体，如发生矛盾，难以一致时，首先要选择农民的实际需要，因为社会的需要、市场的需要和专家的意见最终都得通过农民去实现，如果农民认为暂时不需要，就不应勉强作为制订计划的依据。

二、制订农业技术推广项目计划应考虑的条件

1.技术的适应性

农业生产是有生命物质的再生产，生产条件、地域性等差别较大。因此，一项技术要在一定地区推广，应当考虑以下条件。

(1)考虑该地区的自然条件等是否适应 例如，北方旱作农业技术就只能在北方干旱、半干旱地区推广，而不宜在长江流域等湿润地区推广；相反，水稻半旱式栽培及稻田综合(稻、萍、鱼、菜等)利用技术推广项目也只能在南方具有灌溉条件、水源充足的地区，特别是冷、烂、毒等低产稻田的推广，不能在干旱缺水地区进行。

(2)考虑该项技术在这些地区的应用程度 如果已经基本普及，则不必再做推广计划；如果是推广不够，还有潜力或仍是一项新技术，那就应当考虑安排。同时还要看该项技术在这些地区推广可能取得的社会效益和经济效益是否显著，能否较大幅度地实现增产增收等。

2. 农民的接受程度

农业技术推广的程度和效果如何，在很大程度上取决于该项科技能否被农民群众所接受和掌握。被推广地区农民的文化水平、科技素质和经营条件都是接受推广技术的直接影响因素。还有一些项目可能引起生产结构和劳动力布局的变化，当地农民能否与之适应，也要认真研究。农业生产是一个复杂的能量转化过程，人们的劳动行为、农作物的生育规律和自然条件，共同构成对农作物产量的制约因素。从某种意义上讲，人的劳动行为包括接受技术的程度，并占有重要的地位。因为农民接受技术的相关条件越好，农民的信心就越足，取得的效益就越高，技术推广就越快。

3. 支农服务的可能性

农业技术推广工作是一项综合性很强的社会工作，涉及的范围广、部门多，许多农艺措施的技术效果往往取决于物化程度，也就是化肥、农药、农膜等能量的释放。因此，技术推广应用光靠农业科技推广部门和农民的积极性是不够的。我们在制订计划时要考虑当地政府对这些问题是否具有积极的态度，以及物资、信贷、工商等各相关部门是否积极配合和协作，能否保证农业生产资料的供应、信贷资金的投入和产品的销售。

4. 推广机构自身的行动能力

农业技术推广项目的实施依赖训练有素的推广人员的积极努力和辛勤工作，没有一定数量相匹配的农业技术推广服务人员直接指导和帮助，只靠号召是无法完成计划的。因此，我们在制订计划时，除考虑推广人员的素质、专业配备外，还要考虑农业技术推广部门自身配套的物资、设备、经费来源等条件。如果这些条件尚不具备或经过努力仍无法达到要求时，则不宜轻易作出计划，以免计划难以实施。

三、农业技术推广项目计划的制订

农业技术推广项目计划应紧紧围绕科技、经济、社会的发展以及农业、农村、农民的需要；明确发展方向和具体任务，突出重点、统筹安排，注意计划的系统性和连续性。

(一)项目分析

1. 农业生产现状调查

调查预定推广区域的自然条件、生产条件、经营条件、技术应用条件等。首先拟定调查提纲，按调查提纲要求有计划地进行调查。定性准确，定量精确，为合理制订农业技术推广项目计划奠定基础。

2. 历史比较分析

制订农业技术推广项目计划既要根据现状，又要借鉴历史，总结农业科技推广经验，了解经济发展、生产发展、技术发展规律，为制订农业技术推广项目计划提供科学依据。

3. 预测未来

制订农业技术推广计划要立足现实，但项目实施要有一个过程，预测其发展趋势和可能出现的情况，是保证推广项目效益、制订农业技术推广项目计划的重要依据。

（二）确定推广目标

编制农业技术推广计划，首先要制订推广目标。制订目标应从实际出发，结合本地生产发展和科技发展状况，提出符合客观条件和促进发展的目标。要防止盲目追求高指标和脱离本地实际，进行科学的预测和论证，包括目标的综合性、阶段性、层次性和客观性等；指标要明确，应在分析以往数据及经验基础上，进行预测、论证、确定；内容要全面。

1. 确定项目的推广规模与范围

根据推广项目的适应范围、科技推广人员的技术保障能力，确定农业技术推广的区域和领域，制订年度推广计划。

2. 制订项目的具体指标

农业技术推广项目指标应包括经济指标、教育指标、社会指标、生态指标等。如经济指标，指项目的经济效果，包含土地产出率、增产率、劳动生产率、农产品市场竞争力、农产品流通加工率等。

3. 确定推广进度

根据农业技术推广规模与范围，推广的难易程度及推广人员的技术保障能力等，确定农业技术推广的周期和时间要求。

（三）编制推广项目计划

1. 项目计划周期

根据农业技术推广项目计划的目标要求，项目计划按时间可分长期和短期。长期计划一般以 3～5 年为实施期限，应注意将新技术、新成果和近期能应用的实用技术相结合，在保证近期生产发展的同时，适度考虑技术的超前发展；短期计划以促进当前生产发展和解决当前生产实际问题为主，选择实用和成熟的技术项目。

2. 项目计划草案

计划确定前，要有几个不同的草案，然后从不同的草案中进行优选，做出最后的选择。优选决策过程是从比较到决断的过程。在这一过程中，要有严肃的态度、严谨的逻辑和严格的程序。农业技术推广计划的编制涉及农村科技、经济、社会的协调发展和千家万户的不同需求，加上农业生产的地区性、季节性、综合性强和生产周期长等特点，对计划的内容要做出全面的科学论证和评价，全面权衡计划执行后可能带来的结果，最后作出决策，并经过规定的批准手续，最终确定农业技术推广计划。

项目二　农业技术推广项目的选择与确定

随着农业科技迅速发展，科技成果层出不穷，可供推广应用的农业科技成果和先进技术不断涌现，因地制宜地择优选择合适的农业科技推广项目，是搞好农业技术推广工作的前提。

一、农业技术推广项目的特点

农业技术推广项目是按照农业技术推广的总体计划，对某一专项任务以项目的形式进行有计划、有组织、有步骤、有检查的实施与管理的过程。其具有以下特点。

1. 直接的生产性

农业技术推广项目是根据一个地区的农业生产需要，为解决农业生产中的问题而进行的一种直接的科技投入。这种投入能有效地改善农业生产要素的质量和效能，具有很强的针对性和生产性，每个项目的推广应用，都应直接带动农业生产水平的提高，产生明显的经济效益、生态效益和社会效益。

2. 学科的综合性

农业生产是一个复杂的系统工程，同一生产过程需要多种生产要素的配合，才能发挥整体效能。农业技术推广项目多是组装配套的多学科、多项技术的组合，单一技术难以获得显著的经济效益。这就要求推广组织在推广项目实施过程中，合理组成完整的技术体系。如良种良法齐推广，体现学科的综合性、技术的完整性。

3. 推广的周期性

任何一项农业科技成果的推广应用，都要经历发生、发展、衰亡的过程，在时间上表现为明显的周期性。科技成果在农业生产中的推广应用要经过"试验—示范—推广"过程。

要使科技成果转化为现实生产力，需要科学的计划、严密的组织以及多部门的协作，使其尽快在农业生产中发挥作用。同时要积极引进和开发新的科技推广项目，不断推动农业科技进步。

二、农业技术推广项目的选择

农业技术推广项目的选择，必须从当地实际出发，按照项目选择的原则进行，并在对成果的技术先进性、适应性、经济合理性等方面进行综合评价后，才能确定为农业科技推广项目。

（一）项目的来源

1. 科研成果

科研成果即通过国家和省（自治区、直辖市）科委、农业主管部门及有关部门审定公布的农业科技成果。这些成果一般都是来自科研、教学单位的应用技术科研成果，代表区域内、国内或国际先进水平。

2. 农民群众的先进经验

这类技术是农民群众在长期生产实践中创造的，有着坚实的实践基础，适应性强，容易推广。

3. 技术改进成果

这是科研单位、农业技术推广单位在原技术的基础上进行某方面的提高和改进，或由推广单位对多方面、多来源、多专业的成果或技术综合组装的成型技术及常规技术的组装配套。

4. 引进技术

引进技术即从国外引进的先进成果和技术。

上述4个方面的项目来源有着各自的特点。科研成果和引进技术多属原件，以单项技术为主，深度较强，一般能够代表本区域最先进的水平，但必须对其适应性等方面进行严格的试验，方可入选。群众的技术经验土生土长，适应性强。改进或组装的技术综合性强，比常规技术具有更新的特点和更加适合生产的要求，推广中需要多专业的配合。

(二)项目的选择

准确地选择农业技术推广项目，是决定工作成效的重要前提。因此，选择项目时要注意以下几点。

1. 项目的先进性

所谓先进性，一是要有创新，即要选择最新的科研成果和技术；二是经济合理性，即项目要有最佳的投入产出比，也就是要选择那些投资少、见效快、效益高的项目，不仅要有显著的经济效益，还要有显著的社会效益和生态效益。

2. 项目的成熟性

项目的成熟性是指项目的可靠性和相对稳定性，这是保证项目取得成功的基本条件。所选项目在满足其技术要求的前提下，必须是真正有效的，并保持较长时期的稳定性，以免给生产造成损失或造成人、财、物的浪费。

3. 项目的适应性

每项科技成果都是在特定的地域和自然、生产条件下形成的。因此，在引进和选择项目时，首先要考虑当地的自然条件和生产条件是否适应。科技项目只有在适宜的地区推广，才能达到预期的目的。

4. 项目技术的综合性

选择技术项目推广时，应注意项目技术的综合性，尽可能将相关科技成果与技术组装配套，综合推广应用，形成相对完整的技术体系，以充分发挥技术效益。

5. 项目产品的需求性

在市场经济发展中，推广任何农业技术，其最终目的都是直接或间接地满足消费者的需要。因此推广项目的选择必须兼顾产品的市场需求。既要考虑产品的产量，又要考虑产品的品质。随着人们生活水平的提高，对产品品质的要求将越来越高。既要销得出，又要价格合理，否则，项目将难以推广。

6. 项目的技术要求和农民接受能力的一致性

农民是农业技术推广项目的接受者，项目推广的程度和效果如何，在很大程度上取决于农民对该项技术的接受程度和掌握程度，农民接受技术的能力越强，取得的效益越高，推广就越快。因此，在选择项目时必须考虑农民的接受能力，要选择那些农民经过培训就能够掌握的技术。

7. 项目要符合农民需要

推广农业科技首先是为农民服务，选择的项目必须符合农民利益。这不仅要看项目投资

二维码 5-1 选择推广项目的方法

大小、见效快慢、效益高低，而且要看项目要求的条件是否符合农民所处的经济条件和环境条件。

8. 项目要符合现行技术政策

技术政策是指一定时期有关专业技术在国内应该如何发展的各项规定，推广项目的性质必须符合现行农业发展技术政策的要求。与现行技术政策相抵触的项目不能列为推广项目。

三、农业技术推广项目的确定程序

确定农业技术推广项目是开展农业技术推广的前期准备工作。其程序包括项目的申请、评估、论证及立项确定等。这一过程有着严格顺序，必须步步紧扣。

（一）农业技术推广项目的申请

农业技术推广管理、领导部门在确定农业科技推广的大方向后，下级部门便开始进行推广项目的申请。申请项目应提供以下材料。

1. 推广项目申报书

提供项目申报书的目的是通过申报书阐述立项的必要性和可行性，并对项目及技术依托单位给予介绍，以便使主管人员对项目有全面认识和了解。申报书一般应包括以下 4 部分内容：

（1）申报项目基本情况　主要包括：项目名称、技术依托单位、主要参加单位、成果来源、研制起止时间、成果鉴定情况（组织鉴定单位、鉴定日期、成果水平）、成果应用情况（应用于生产的时间、应用范围）、科研投入经费、成果获奖情况（获奖人员、获奖名称、获奖等级及获奖部门）等内容。

（2）申报推广的理由　这部分是考核项目的重要依据，主要包括：推广内容，其中包括推广项目的技术内容、原理及技术路线和国内外同类技术的比较等；推广的必要性及推广范围预测；已应用技术的推广情况；典型实施范例的社会效益分析和经济效益分析。

（3）技术依托单位的基本情况　主要包括：单位名称、性质、地址和项目实施单位具有的人力、物力、财力及组织能力等。

（4）推广措施　指项目承担单位在实施项目过程中采用的措施，主要包括：推广方式、布点情况、推广进度安排、主要协作关系等。

2. 成果鉴定书

成果鉴定书是指成果持有单位完成成果后的最终成果结论。国家各部委有明文规定，非鉴定成果一律不予列入推广计划。原农业部的“丰收计划”“新品种扩繁计划”，以及科技部的“星火计划”立项都必须有鉴定书。

3. 项目简介

项目简介主要用于宣传，对领导、对农民、对相关部门的宣传，求得各方的支持，有助于项目的确定与实施。要求文字一定要精练简洁、主题突出、通俗易懂。

（二）农业技术推广项目的评估、论证

推广项目申报书上交后，主管部门对重点项目还要请申请单位提交可行性报告，并请专家

对项目进行科学性和可行性分析，修改项目中不成熟、不合理的部分，增强农业技术推广项目的准确性和可行性。

1. 可行性研究报告

项目的可行性研究是项目准备的核心内容，其目的是从技术、组织管理、社会效益、生态效益、经济效益、实施力量等各有关方面论证整个推广项目的可行性和合理性。可行性研究报告由申请单位填报，报告一般包括以下 7 部分内容。

(1)推广项目概况　包括项目的目的、意义、国内外现状、水平、发展趋势及项目的内容简介。

(2)技术可行性分析　包括主要技术路线、需解决的关键技术、最终目标和技术经济指标、实施项目所具备的条件和项目完成的生产条件等。

(3)市场预测　包括国内外需求情况及市场容量分析、产品价格与竞争力分析等。

(4)预计项目完成的经济效益、社会效益　一般从新增总产值、新增纯收益、节能节材情况、节约利用资源情况、改善环保的作用、对促进社会发展的作用等方面论述。

(5)推广项目的技术方案及推广范围、规模和年限(项目计划进度安排)。

(6)预计的推广经费及用款计划。

(7)经费偿还计划。

2. 农业技术推广项目的评估、论证

农业技术推广项目的评估、论证是项目准备过程中的关键环节，是能否立项的重要步骤。它从科学、技术、经济、社会等方面对拟定项目进行系统、全面的科学论证和综合评估，论证项目的选择是否符合原则，项目要推广的技术或成果是否先进，开题的必要性，技术路线的先进性和合理性，实施的可能性，项目实施后的经济效益、生态效益和社会效益是否显著，项目的经费概算是否合理等。项目的评估和论证为确定项目提供决策依据，为以后项目的实施和完成奠定基础。

农业技术推广项目的评估、论证一般以会议的形式进行。由项目主持部门聘请有关科研、教育、推广及行政等方面的专家、教授和技术人员组成项目论证小组。论证小组一般由 7～15 人组成，要求参加人员必须具备中级以上专业技术职称，组长应由具有高级专业技术职称并有较高学术水平的人员担任。

四、农业技术推广项目的立项确定

农业技术推广项目经评估、论证后，转入立项确定阶段。

1. 项目决策

项目的决策人或决策机关在项目论证的基础上，进一步核实本地区、外地区、国内外的信息资料，市场和农村调查情况；根据国家政策，同时征询专家意见，吸收群众的合理化建议，从整体出发，对项目进行综合分析研究，最后作出决策，确定农业技术推广项目。

2. 签订项目合同

农业技术推广项目确定后，项目双方还应签订合同书，至此项目才正式立项。农业技术推广项目合同的主要内容一般包括：立项理由(包括推广的项目、意义、国内外水平对比和发展趋势)；项目主要内容及技术经济指标；经济效益和社会效益，预期达到的目标；采用的技术推广方法和技术路线；分年度计划进度（包括推广地点、规模）；经费的筹集、去向及偿还计划；配套物资明细表；参加单位和项目组负责人等。

项目三 农业技术推广项目的实施

农业技术推广项目确定之后，搞好项目组织实施，是完成项目任务的关键和重要保证。必须落实到具体的推广机构、推广人员，并对其实施的全过程进行管理，以保证项目得以实现。因此，农业技术推广项目的实施，是农业技术推广工作的一项重要内容，具体包括制订实施方案，建立实施机构，进行项目指导、服务与监督检查等。

一、制订农业技术推广项目的实施方案

项目的实施方案是为有效执行项目计划，安排业务活动的概要。

1. 项目的内容

项目的主要内容有：

（1）项目设置的意义、需要解决的问题及完成任务的具体指标。

（2）项目实施的时间、地点、推广单位、推广人员、协作单位、协作人员。

（3）实施项目应采取的技术路线。

（4）完成项目工作应采取的保障措施，包括任务的具体分解，试验、示范点的安排，推广方法的确定与技术指导的方式，推广经费的具体使用安排与配套物资供应等。

（5）领导班子、协调机构和技术指导组织的建立。

（6）推广过程应注意的问题等。

2. 签订合同

项目实施（推广）单位与项目主持人共同签订项目实施合同和实施方案。合同内容应包括项目的可行性论证，完成项目的年限与进度，项目要达到的技术，经济指标，人、财、物的供给与保证，推广总经费及年度拨款金额，有偿使用经费与经费回收及违约处理等。

通过签订合同，将任务的完成以法律的形式确定下来，使承包单位及个人明确自己的任务与责任，保证项目工作的顺利实施及项目目标的顺利完成。

3. 组织协调、分级管理

合同签订后，下达工作任务，明确工作责任，由主管单位（牵头单位、项目主持人）将承担单位、推广地区单位、协作单位、科技成果发明创造单位及个人等划分职责范围，责、权、利结合，分级管理，使项目管理层层落实，推广计划通畅执行。

4. 监督检查

在项目推广实施过程中，主管单位要及时组织检查评比，按照合同规定对组织实施的过程、计划任务的进度等进行定性、定量检查，并建立定期报告制度。

二、建立项目的实施机构

推广项目承担单位在项目下达后要建立项目的实施机构，这是确保推广项目顺利实施并

圆满完成的组织保证，包括确定项目及人员组成，明确项目负责人。在参加人员的搭配上，要吸收行政领导、科研人员、物资部门的人员参加。对一些规模大或重点项目，可成立行政领导小组、技术指导小组和项目协作组等。

1. 行政领导小组

行政领导小组主要由政府有关领导牵头，由农业、物资、财政、商业、供销、银行等单位的负责人组成。其主要任务是进行组织协调工作，宣传教育和群众思想发动，保障配套资金和物资的供给，提供市场信息，帮助解决实际问题和遇到的困难。

2. 技术指导小组

技术指导小组主要由农业技术人员组成。其主要任务是在推广项目执行中进行技术指导，负责解决推广过程中的各种技术问题。重点是进行项目试验示范、创办样板、开展技术培训和技术指导、印发技术资料、监督检查项目的落实情况以及搞好项目的总结交流验收活动等。

3. 项目协作组

对于一些跨省、自治区、直辖市或跨地区、县的规模较大的农业技术推广项目，还应成立全国性或地方性的项目协作组，以共同保障项目的组织实施。项目协作组的组成人员可以是全国农业技术推广机构或各省、县的项目承担单位的负责人，并吸收有关农业研究单位、教学单位及其他相关单位参加。其任务是共同进行项目的落实、检查、考察参观、交流经验、现场验收等工作。

二维码 5-2　农业技术推广项目实施的任务分解和签订实施报告

三、进行项目指导、服务与监督检查

（一）项目技术指导

一项新的科技成果，是根据客观规律、理论原理，按一定的程序和方式，凭借某种技艺技能产生的。因此，科技成果的传播、推广就要求接受科技成果的人员懂得该项技术成果产生的基本理论、基本知识和运用的基本技巧，通过科技推广人员的技术指导，使成果接受者能够顺利掌握新的科技，运用新的技术。农民只有知道项目技术的基本原理和基本知识，掌握操作方法与操作技能，才能真正实施，做到有效推广。

（二）项目经营管理指导

在农业技术推广计划执行过程中，农村、农民面对的政治、经济、社会、生产、技术、市场等问题交织在一起，这些问题的组织、协调与管理是一项专门的技能，需要农业科技推广人员的指导和帮助。推广人员的工作是否有针对性，是否能够落到实处，对科技推广项目能否顺利实施起关键作用。有效的项目经营管理指导更有利于农业科技成果的推广实施。

（三）项目服务

项目服务包括产前、产中、产后服务。

1. 产前服务

主要是为农民提供技术、市场和效益等方面的信息。帮助农民准备技术推广项目所需资金。

2. 产中服务

主要是技术保障及建立项目示范、项目技术档案、搞好培训等。

3. 产后服务

主要是帮助农民疏通流通渠道、推销项目产品等，保证农业技术推广为农民获得较好的经济效益。

项目实施是一个动态过程，为了全面分析考核、比较、评价技术推广项目的执行情况和实施效果，就必须对整个实施过程进行翔实记录。记录内容包括：推广的项目或对象、推广的时间和地点、推广人员和劳动力安排、设备资金运用情况；完成月度、季度、年度报告等。

（四）监督检查

项目实施过程中要加强管理和监督，目的在于促进项目保质、保量、高效地完成。项目计划下达单位和项目领导小组要定期对项目进展、经费使用情况等方面进行检查和监督，及时发现和解决项目实施中存在的问题，保证顺利完成各项目标任务。

为提高项目实施质量，一般实行年度和中期评估制度，对项目完成情况差或根本未完成计划任务的单位和个人，通过整改、停止项目等形式进行处理，保证项目资金的合理使用和项目的顺利完成。

1. 监督检查的内容

（1）检查项目实施方案落实情况　检查内容包括：推广范围，规模、项目推广组织管理措施，推广人员的岗位责任制落实及承担项目的各部门间协作情况等。

（2）检查项目试验、示范田建立情况　检查内容包括：试验、示范田设计安排是否符合方案要求、各项技术措施落实是否到位、田间技术档案建立情况等。

（3）对推广效果进行评估　指对技术措施实施后的效果检验，预测能否实现项目方案的技术经济指标，及时发现和解决方案执行过程中存在的问题。如发现技术方案不完善的共性问题，应及时反馈、修正等。

（4）及时总结典型经验　在检查过程中，及时发现和总结各承担单位比较好的推广方法和管理经验；对项目执行有推动作用的典型经验，要及时向整个项目示范区推广。

2. 监督检查的方法

（1）建立定期报告制度　由项目承担单位在项目执行的各个阶段将项目执行情况结合自查进行认真总结，写成专题报告，向项目主持人和项目管理单位汇报。必要时可召开项目汇报会，总结前一阶段工作，提出下一阶段的指导性意见。

（2）组织项目联合检查　为保证推广目标的实现，在项目执行的关键阶段，由项目管理单位和项目主持人组织有关专家和管理人员深入示范区联合检查，听取技术推广人员的汇报和农民的反映，进行田间实地考察，及时解决项目执行中出现的问题。联合检查结束后，写出专题报告，向项目管理单位和负责人汇报。

项目四　农业技术推广项目的总结、评估与验收鉴定

通过推广项目总结与评价，总结项目实施中的经验，发现项目实施中存在的问题与不足，进而不断地改进推广工作，提高科技推广的效益；同时也有利于检验科技成果的成熟完善程度和推广效果，不断总结和发现新的成果。

一、农业技术推广项目的总结

农业技术推广项目完成预定目标后，应由项目负责人主持对项目执行结果、所取得的技术经济效益、科技推广经验及存在问题等进行全面总结。

（一）项目资料的汇总整理

将项目实施过程中的各种资料数据按项目内涵进行系统整理和汇总，对试验取得的资料进行统计分析，计算出试验结果。

（二）项目技术经济效益分析

对项目的各项技术经济指标实施结果进行核定，定性指标要有明确的内涵标准，定量指标按规定方法进行计算检测，作为推广工作评价和总结验收的依据。

（三）撰写项目技术总结报告

农业技术推广项目技术总结报告的总体要求是观点明确、概念清楚、内容充实、重点突出、科学性强。项目技术总结报告一般包括以下 4 个方面的内容。

1. 立项的依据、意义及设计指导思想

主要阐述推广项目确立的根据、由来和意义，即分析阐明项目确立根据的充分性，立题的正确性、针对性和必要性，项目对农业生产、农村商品经济、农村生态环境及社会进步等具有的积极作用和重大意义等；阐明课题的指导思想和要解决的主要问题等。

2. 主要工作内容与结果

写明项目主要做了哪些工作，取得了哪些成果和成绩等。如采用的主要推广技术和方法，在推广面积、推广范围、产量水平、增产幅度、经济效益、生态效益和社会效益等方面完成项目合同规定指标的情况等。要根据内容拟出不同层次的若干标题分别叙述。

3. 项目的主要技术成果（或关键技术）及创新点

重点阐明项目实施中所采取的技术路线及推广技术本身的改进、深化和提高，以及技术的推广应用领域的扩大等。

4. 项目应注意的问题和建议

推广项目技术总结报告的题目，要突出技术总结的主题，全面准确地反映推广项目的内容。

(四)撰写项目工作总结报告

项目工作总结报告是农业技术推广项目总结的三大报告之一。主要内容包括以下6个方面。

1. 项目概况

主要写明项目名称、项目来源、起止年限、承担和参加单位以及项目参加人员情况等。

2. 任务要求

签订项目合同书的项目,应按照项目合同书约定的任务要求来写;未签订项目合同书的项目,可根据推广项目申报书或推广项目可行性研究报告中的任务要求来写。

3. 任务指标完成情况

主要写明推广面积、产量水平、增产幅度,经济效益、生态效益和社会效益等项目合同指标的完成情况等。

4. 项目实施采取的工作方法

包括项目实施的组织领导机构、技术人员配备、政策和物资保证措施、试验示范、技术培训、协作攻关、现场考察、经验交流、技术服务、技术承包、奖惩措施等。

5. 主要成效及创新

写明项目实施所取得的经济效益、社会效益、生态效益和实现的技术创新。

6. 项目的分析和建议

运用重要技术参数同国内外同类技术进行比较,并进行综合分析,对项目做出客观评价,并针对项目实施中存在的问题与不足,提出改进意见及今后立项研究的建议。

推广工作报告要力求概括性强,内容充实,用数据、事实说明问题。

(五)撰写项目效益分析报告

项目实施单位在对项目的各项技术经济指标实施结果进行核定、做出推广效益证明和按照规定的科学方法进行计算分析的基础上,写出项目效益分析报告,作为推广工作评价和总结验收的重要依据。

二、农业技术推广项目的评估

(一)项目评估的目的

推广项目评估是项目管理的组成部分,也是项目承担单位和管理单位对项目价值做出科学判断的主要依据。一般通过对推广项目的作用、效果和影响等进行定性、定量分析,检查、考核农业技术推广项目工作是否按计划目标完成,考查农业技术推广项目工作的创新程度等,进而确定农业技术推广项目的价值和不断地改进项目工作。农业技术推广项目的评估及评价常常与项目的验收鉴定工作结合进行。

(二)项目评估的步骤

根据项目特点、范围和复杂程度,项目评估步骤主要包括以下内容。

1. 确定项目评估领域

一般包括评价项目内容、项目推广方法、项目的总体效益等。

2. 制订评估计划

包括评估的主要内容和如何进行评估，要列出具体日期、评估办法和评估方案。

3. 确定评估指标

设计出评估指标体系和评分标准。

4. 选择评估对象

要根据评估项目确定评估对象，一般采用抽样调查方法。

5. 收集评价资料

包括农民采用技术的人数、增加的产量、经济效益等，按照制订的评估方案进行评估。

(三)项目评估的内容

主要是根据农业技术推广项目的目标，评价科技推广工作的效果，具体内容有：

1. 经济效益评价

主要评价指标包括：项目总经济效益、项目单位面积增产率、项目单位面积增加的经济效益、土地生产率、土地生产率提高率、单位农用地面积总产值、单位土地面积纯收入(盈利率)、总产量、农产品商品率等。

2. 教育影响评价

重点评价推广教育活动对农民知识、技能和素质的影响，包括以下内容：

(1)评价农民的知识和认识水平　主要评价农民对推广项目的态度，对学习科学技术的认识，学习的积极性和主动性等。

(2)评价农民的生产技能　主要评价农民对推广的技术措施是否熟练掌握，学会了哪些新技术、新工艺，在应用过程中是否发生过技术事故等。

(3)评价农民的素质或解决实际问题能力　主要评价通过项目推广、技术培训和传授，农民对每项技术措施的基本道理和方法是否理解，能否在实践中创造性地应用和解决生产、生活中的问题的能力。

3. 社会效益评价

评价推广项目的实施是否对创造社会财富，解决就业问题，改善劳动条件，改善生活条件以及农村的两个文明建设有益等。评价推广项目的社会效益主要从以下几方面进行评价。

(1)项目实施后所提供的就业机会。

(2)劳动条件的改进。

(3)改善生活条件，农民储蓄增加。

(4)提高科技、文化水平，受教育人数增加、素质提高等。

在评价时，可直接使用数量指标，主要包括以下指标：

$$\text{项目对劳动力的吸引率}=\frac{\text{参加生产的新增劳动力数}}{\text{原来参加生产的劳动力数}}\times 100\%$$

$$农民生活水平提高率=\frac{项目实施后生活消费额-实施前消费额}{项目实施前的生活消费额}\times 100\%$$

$$社区事故降低(提高)率=\frac{项目实施前事故数-实施后事故数}{项目实施前事故数}\times 100\%$$

4. 生态效益评价

生态效益评价的指标有土壤有机质含量，森林覆盖率，消除、抵御和减少自然灾害对农业生产影响的能力，农业资源良性循环利用等。此外还有水体污染、土壤污染、产品污染以及空气污染、毁林、沙化等。用项目实施前后发生的变化进行对比分析。

二维码 5-3 农业技术推广项目的验收鉴定

模块小结

在编制农业技术推广项目计划时，要遵循计划编制的基本原则，按照编制计划的程序，重点要做好项目可行性研究，经过上级有关部门组织的评估论证，通过后方可下达实施。项目实施过程中，要按照实施方案做好指导服务工作，开展检查和督促，及时发现和解决存在的问题，纠正项目执行中的偏差，保证顺利完成各项推广任务。项目计划阶段性完成和项目计划完成后要开展总结与评价工作，要写年度工作总结报告、结项工作总结报告、技术总结报告和某些单项技术实施总结报告。写总结报告的目的是要对项目下达单位作一个交代，同时也是作为今后类似的经验和教训。不同项目的总结报告内容要求有所不同，但写作的要求基本一致。对于工作总结报告，要写清项目的来源和依据，列出项目计划的合同目标任务，写出项目计划所采取的主要技术措施、重大技术改进或突破，并要详细写出项目计划完成情况、成绩和效益，最后写出项目完成所取得的经验和教训。

模块巩固

1. 制订农业技术推广项目计划时应考虑哪些因素？
2. 制订农业技术推广项目计划的依据是什么？
3. 简述制订农业技术推广项目计划的制订过程。
4. 农业技术推广项目有哪些特点？
5. 选择农业技术推广项目时要遵循哪些原则？
6. 简述农业技术推广项目的确定程序。
7. 农业技术推广项目的实施方案中都包括哪些内容？
8. 农业技术推广项目评估的内容有哪些？

模块六

农业技术推广培训与咨询

【知识目标】

通过本模块学习，了解农业技术推广培训的基本原则，掌握农业技术推广的教学方法，理解农业技术推广培训的基本方式与新型模式，了解农业技术推广咨询的特征与程序，掌握农业技术推广咨询的模式类型。

【能力目标】

能够运用恰当的教学方法进行农业技术推广培训，具备农业技术推广培训需求分析能力，能够运用多种农业技术推广培训的组织形式进行技术推广培训和咨询服务。

项目一　农业技术推广培训的基本原理

培训是一种有组织的知识传递、技能传递、标准传递、信息传递、信念传递和管理训诫行为。农业技术推广培训与咨询是农业技术推广程序中最重要的环节之一，是一个技术和信息传输的过程，是农民尽快掌握新技术和新信息的关键，也是提高农民科技文化素质、转变农民行为的有效途径。

一、农业技术推广培训的概念

1. 广义的概念

广义的农业技术推广培训是指对包括各类农业技术推广对象以及农业技术推广工作者在内的人员所进行的有关推广工作的培训和教育活动，也就是把与推广项目有关的人员组织起来，针对推广项目过程中的关键问题进行的集中培训。

2. 狭义的概念

狭义的农业技术推广培训是指针对农业技术推广对象开展的培训。农业技术推广培训具有普及性、针对性、实用性、时效性、灵活性等特点，在实践中，要遵循一些基本原则，重视培训需求分析，并根据培训的不同类型，选用相应的教学方法。

二、农业技术推广培训的基本原则

1. 公益性主导的原则

当前，我国农业技术推广工作主体逐步多元化，农业技术推广部门、农业科研、教育单位、涉农企业等多方参与农业技术服务，农业技术推广体系正在向“政府为主、多元发展”即“一主多元”的方式转变。农业自身的特殊性和粮食安全的战略意义要求政府必须明确其在基础性、前沿性、公益性技术研究与推广应用中的主体地位。《中华人民共和国农业技术推广法》中明确规定，各级国家农业技术推广机构属于公共服务机构，其公益性职责为关键农业技术的推广、动植物疫病及农业灾害预防、农产品质量安全监管服务、农业资源与环境监测、水资源管理和防汛抗旱技术服务、农业公共信息和培训教育服务等；要求国家农业技术推广机构推广农业技术，实行无偿服务，不再从事经营性推广服务，其他社会化组织可以通过技术转让、技术服务、技术承包、技术咨询和技术入股等多种形式提供农业技术有偿服务。因此，为了进一步解决农业技术推广的“最后一公里”问题，让大量优秀的科技成果通过推广切实转化为现实生产力，农业技术推广培训应坚持以公益性为主导的原则。

2. 理论与实践有机结合的原则

农民学习科技知识和新技术的关键在于掌握技术技能，并能运用于生产实践，提高生产效率和经济效益。因此，农业技术推广培训要针对本区域农业生产进行广泛的调查研究，明确生产中的关键制约因素及农民在新技术、新知识和新信息方面的迫切需求，把农业技术推广培训的内容与农业生产和农民生活紧密结合起来，提高其实用性和实效性。同时，在培训过程中将知识讲授与实践指导有机结合，坚持“学中做，做中学”的原则，进行面对面的培训指导，让农民参与实践和具体操作，帮助其更快更高效地掌握技术、技能和相关知识信息。

3. 因人施教的原则

随着工业化、城镇化进程的加快，我国农村劳动力不断流出，“高龄化、女性化、低文化”成为农业从业者的普遍现象，“兼业化、副业化、粗放化”已经成为农业生产经营的基本趋势。发展专业大户、家庭农场、专业合作社、产业化龙头企业等新型农业经营主体，培养新型职业农民已是大势所趋。因此，农业技术推广培训应当根据农民的知识层次、个性差异、年龄、兴趣爱好、经营规模、生产条件等，采用不同的教学内容和方法。

(1)对于农民中比较保守的，应循序渐进，耐心辅导，不能要求过高，操之过急，否则会事倍功半。

(2)对于学习困难较多，文化基础、经营条件较差的，要注意坚定他们的学习信心，并给予个别帮助和辅导。

(3)对于有一定文化基础、经营能力较强的科技示范带头户、“义务领袖”或者农村能人，可以引导他们加强农业科技理论学习，并且利用他们已有的知识经验来验证科技理论知识，促进他们加速知识更新，不断提高科技文化水平。

(4)对于有知识、有文化、素质相对较高的新型农业主体，应当尽可能给他们提供新信息和新知识，提高其生产管理和经营策划的能力和水平。

4. 教学方式多样化的原则

农业技术推广培训既要符合当地农业生产的实际需要，又要符合农业专业分工和多种经营的需要，还要适应农时以及教学对象人数众多、居住分散、没有统一作息时间等特点。因此，农业技术推广培训的教学方式应当灵活、多样。集中与分散相结合、生产现场与室内课堂相结合，农忙少教，农闲多教。可以采用课堂教授、田间指导、播放录像、视频，收看电视、收听广播，咨询服务，发放技术资料、科技小报等不同形式。多形式、多渠道将相关信息、知识和技术成果等及时有效地传递给农民。

三、农业技术推广培训的类型

1. 按组织主体分类

按照培训组织主体可分为政府组织培训和非政府组织培训两种形式。

(1)政府组织培训　政府组织培训是指各级农业管理部门、农业技术推广组织和农业教育部门等为了宣传农业发展政策、提升农业技术服务水平、加快技术成果转化所开展的多层次、多渠道、多形式的农业技术推广培训。目前，已经形成了从中央到省、市、县、乡相互连接、上下贯通的农业技术推广培训网络体系。

(2)非政府组织培训　非政府组织培训是由高等农业院校、涉农企业、公共媒体、各种民间组织等，为了传播农业科学知识和技术，推广技术产品，改善和提高农业生产和生活方式，开展多种多样的农业技术推广培训。

2. 按培训对象分类

培训对象可分为农业部门管理人员、农业技术推广人员、新型农业经营主体、农业科技示范带头户、一般农民、涉农公司营销或者技术服务人员等。农业技术推广培训需根据不同培训对象需求安排相应的培训内容，增强农业技术推广培训的针对性和灵活性。

3. 按培训层次分类

按照组织单位可以分为高层和基层农业技术推广培训。

(1)高层培训　高层培训包括国家、省部级和地(市)级农业管理部门、农业技术推广组织开展的相关培训。

(2)基层培训　基层培训包括县(市)、镇级农业管理部门、农业技术推广组织开展的相关培训。

按照培训是否为国家承认学历可分为学历培训、非学历培训两大类，这两类又可各自分为初等、中等和高等3个层次。

4. 按培训内容分类

按照培训内容可分为农、林、牧、副、渔等农业实用技术、旅游、农业经济管理、财政金融、国际贸易、政策法律、村镇建设、企业管理、农村生活、文化扫盲等。

5. 按培训场所分类

按照培训场所可分为现场指导、授课讲座、科技咨询与远程教育等。

6. 按培训时间分类

根据培训时间的长短可分为长期班(半年以上)、中期班(半个月至半年)、短期班(半个月以下)和专题培训班(半天或者几天)。

四、农业技术推广培训的教学方法

1. 集体教学法

集体教学法是在同一时间、同一场所面向较多人进行的农业技术推广培训。例如，短期培训班、专题培训班、专题讲座、科技报告会、工作布置会、经验交流会、专题讨论会、改革讨论会、农民学习组等都属于集体教学法。集体教学应针对共性的问题或者技术，请专家、农业技术推广人员或者劳模、示范户、先进农民等进行政策、技术和先进经验等培训，集体教学内容要适合农民的需要，注意联系实际，力求生动活泼，使参加培训的农民能够明确推广目标、内容及技术要点，结合具体实际情况进行实践和应用，占用时间不能太长，要讲究效率。

2. 示范教学法

示范教学法可分为技术示范教学法和效果示范教学法。

（1）技术示范教学法　技术示范教学法指对生产过程的某一关键技术的培训，例如果树修剪、水稻育秧等。技术示范一般以推广人员为主，做好相应场地、教具的准备，以保证操作示范的顺利完成。教学要求一边进行操作示范，一边讲解技术，并尽可能地使培训对象亲自参与，边学、边做、边体会，整个过程既是一种教育培训活动，又是群众主动参与的过程。

（2）效果示范教学法　效果示范教学法指采用的新技术效果与当地常规技术效果的比较示范。例如作物高产示范田、某新品种的田间长势和表现等。效果示范教学要求将某项成果或者技术的效果进行良好呈现，让培训对象进行观摩、评价和学习，推动他们采用相应的成果或技术。示范效果影响较大，一旦成功，可以迅速推广和传播，反之亦然。这种形式要求确定好示范的场地、时间并发出通知，以保证培训对象能够到场。参加人数不宜太多，力求每个人都能看到、听到且有机会亲自做。有些系统技术，要选择在应用某项技术措施之前的适宜时间，分若干环节进行。

3. 鼓励教学法

（1）方式　鼓励教学法是通过农业竞赛、评比奖励、农业展览等方式，鼓励农民学习和应用科研新成果、新技术，熟练掌握专业技能，促进先进技术和经验的传播。例如农业农村部组织开展的粮食高产创建活动，各地或公司组织的粮王大赛、西瓜王大赛等。这种方式可以形成宣传教育的声势，有利于农民开阔眼界、了解信息和交流经验，能够激励农民相互竞争，开展学先进、赶先进的活动。

（2）组织形式　鼓励教学方式，要同政府和有关社会团体或者涉农公司共同组织。事前要充分筹备，制订竞赛办法、评奖标准或展品的要求及条件，开展宣传活动和相应的技术培训和指导。要聘请有关专家进行评价，评出先进农民或展品进行奖励，奖励方式有奖金、奖章、奖状、实物奖等。发奖一般应举行仪式，通过电视台、广播、报纸等公共媒体进行宣传。

二维码 6-1　基层农业技术推广人员培训大纲

4. 现场参观教学法

组织农民到先进单位进行现场参观，是通过实例进行推广的重要方法。可以组织农民到农业示范园区、试验站、农场、先进农户、农业合作组织等单位参观访问，让农民亲自看到新技术成果的成功经验。参观结束时，要组织农民进行讨论，帮助他们从看到的事实中得到启发。

五、农业技术推广培训需求分析

(一)农业技术推广培训需求分析的意义与特点

农业技术推广培训需求分析是指在规划与设计每一项培训活动之前,由培训部门、主管人员、工作人员等采用各种方法与技术,对推广对象的目标、知识、技能等方面进行系统的鉴别与分析,以确定是否需要培训及培训内容的一种活动或过程,它既是确定培训目标、设计培训规划的前提,也是进行培训评估的基础,是培训活动的首要环节。

从农业技术推广培训需求分析的主体、客体、核心、方法和结果等方面可以看出,农业技术推广培训需求分析具有下列特点。

(1)需求分析的主体具有系统性　既包括对培训部门的分析,也包括对培训人员的分析。

(2)需求分析的客体具有多层次性　这就要求通过对组织及其成员的目标、技能、知识的分析,来确定个体的现有状况与应有状况的差距、组织的现有状况与应有状况的差距及组织与个体的未来状况。

(3)需求分析的核心具有明确性　这就要求通过对组织及其成员的现有状况与应有状况之间差距的分析,来确定是否需要培训以及培训的内容。

(4)需求分析的方法具有多样性　既可采用全面分析法,也可采用绩效差距分析法等。

(5)需求分析的结果具有很强的指导性　它既是确定培训目标、培训规划的前提,也是进行培训评估的基础。

(二)农业技术推广培训需求分析方法

农业技术推广培训需求分析过程可以分为观察、调查和分析 3 个阶段。观察是指一个培训者应随时观察周围人们的行为和需要培训的机会,注意农民的态度、反应及政策环境、规章制度的变化。调查是指一个培训者在日常观察的基础上进行访问、心理测试、工作运行测试等。分析是指对所获得的信息和数据进行整理、加工和运用,包括组织分析、工作运行和人员分析等。

农业技术推广培训需求分析方法包括培训需求调查、能力研究、任务分析和工作表现分析 4 种形式。

1.培训需求调查

培训需求调查包括组织和人员基本情况调查两个方面。组织基本情况调查包括对组织名称、性质、地位、职能、目标、问题、潜力以及与其他组织机构的关系等的调查。人员基本情况是指组织内部人员及培训对象的基本构成情况,如人数、背景、性别、文化程度、工作经验、态度等。培训需求调查的步骤如下。

(1)收集组织或人员的背景材料及相关信息　如人员统计表、评估表、培训报告、编制、发展目标等。

(2)制作调查问卷　调查问卷一般包括有关组织机构的问题(名称、主要活动、人数)、有关个人情况的问题(年龄、性别、受教育程度、经历、工资、培训经历等)、有关个人工作的问题 3 个方面。

(3)采访调查或问卷调查　在调查前,首先根据一定标准对调查对象进行分类,然后再展开调查，如男性农民与女性农民、示范户与非示范户、村干部与一般农民等。

(4)数据和信息的整理分析　根据不同调查对象和内容，对反馈信息进行分类、整理、归纳，发现和确定培训间距，包括培训时间间距和技能间距。

(5)排列培训优先顺序　根据组织目标和现实情况，按农事时间进程、生产或者应急性需求列出培训内容的优先顺序。

2. 能力研究

能力研究是指通过研究一个人在特定的条件下已具备和应具备的综合能力，从而确定培训需求的方法。这种能力研究可以反映出一个人对本职工作的胜任程度，进行能力研究的步骤如下。

(1)选定能力评定专家组(内外结合)。

(2)鉴别和确定优秀农民的能力标准和基本特征。

(3)召开扩大会议将标准草案发给其他成员评议、修改。

(4)所有专家一起讨论。

(5)专家组列出每一种能力应具备的知识和技能，并进行顺序排列。

(6)教师与领导一起，列出一般职员现在应具备的知识和技能。

(7)确定培训间距。

(8)制订具体的培训实施计划。

3. 任务分析

任务分析是指从一个人所要完成的工作任务入手来发现问题和明确培训需求的一种方法。任务分析的步骤如下。

(1)工作分析　工作分析是对一个人所承担的工作进行描述与分析的过程。分析的主要过程为：在列出工作中的所有任务后，根据每个任务出现的频率及每个任务的相对重要性，估计出要完成每项任务的困难程度，确定培训的重点；如有可能，应与相关人员讨论分析结果。

(2)工作任务分析　即对工作任务进一步了解的过程。通常将工作任务分解为若干部分，然后确定每一部分在任务整体中的重要性。主要过程为：首先，写出应该包括在培训内容中的每一项工作任务；其次，确定每个组分或每个步骤的出现频率及每个组分的相对重要性表现，估计出完成每项任务的困难程度；最后，确定培训重点。

(3)间距分析　即通过实际观察、调查、访问了解培训对象已具备的技能和对技能掌握的程度(简称能力)。技能间距就是标准技能减去实际技能的差值。对这一差值的分析过程称为技能间距的分析。技能间距分析的具体步骤包括：①列出应该包括在培训内容中的所有任务和组分。②确定完成任务的标准。③评价受训农民目前的知识水平和经验水平。④确定所发现的间距是不是培训间距。

4. 工作表现分析

工作表现分析是从对工作表现的分析入手来找出培训间距及培训需求的一种方法。进行工作表现分析时，所采用样本不要太大，一般不超过 8 人。工作表现分析的步骤如下。

(1)找出不同层次工作岗位之间的联系。

(2)分析工作过程。

(3)找出工作过程中每一步骤之间的联系。

(4)找出“应该”和“实际”之间表现的间距。

(5)分析间距造成的原因。

(6)不同层次工作职责的任务分析。

(7)确定所需要培训的知识和技能。

(8)外部因素的影响分析。

项目二　农业技术推广培训的组织与实施

一、农业技术推广培训的基本方式

1.专题培训

专题培训是当前农业技术推广培训中最主要的农业技术推广培训方式。农业技术推广部门经常会根据当地农业经济发展的需要和技术推广规划目标或按照行政主管部门的安排，针对在当地需要大规模推广的技术，面向基层农业技术推广人员、农村干部、农民技术员、新型农业经营主体以及其他骨干农民，组织有关技术专家进行专题讲授。

2.现场会

现场会一般是指由农业技术推广部门、涉农企业或者农业专业合作社等，针对当地农业生产中的关键性技术，在关键时期组织农民到田间或者农业生产现场，进行操作技能指导和成果展示的培训方式。其目的是让农民近距离观摩、体验和学习接受某项技术成果，以便能准确掌握，并熟练应用于生产实践。

3.经验交流会

经验交流会是通过新型农业经营主体、科技示范户、农民技术能手、农业生产标兵等在技术推广会议上介绍自己的经验、做法和切身体会，是一种采用现身说法和典型示例引导和教育其他农民，充分发挥“榜样”作用，促进农业科技成果转化的培训方式。

4.巡回指导

巡回指导是农业技术推广部门以其试验示范基地或项目实施区为中心，定期下乡，走村串户，面对面地向当地农民或其他技术人员进行技术培训和指导的培训方式。

5.农业科技示范园

农业科技示范园是通过引进、试验、示范农业高新技术，展示高新技术产品和最新技术成果在生产中的应用效果，进而引导农民自觉应用高新实用技术的培训方式。

6.农业科技展览会

农业科技展览会是一种通过展示、宣传高新技术成果及其产品实物来激发农民运用科学技术的兴趣和学习热情的一种实际、实效的培训方式。

7.农产品(农业科技成果)营销推介会

农产品(农业科技成果)营销推介会是经济和社会发展到一定阶段的产物，是实现科研成果转化为现实生产力的有效途径。高等农业院校和科研单位可以通过农业科技成果推介会将其科研成果与相关企业对接，加快物化产品的研发和应用；另外，相关企业可以通过农产品（农业科技成果）营销推介会将自己的产品推介给农民或者农业生产经营者，加速其推广应用进程。这种方式应当注重科技成果或者产品的创新性、实用性和高效性，同时，注重配套方法或者技术的宣传与培训。

二、农业技术推广培训的新型模式

（一）“绿色证书”培训模式

“绿色证书”是指农民达到从事某项农业技术工作应具备的基本知识和技能要求，获得由当地政府或行业管理部门认可的从业资格凭证，是农民从业的岗位合格证书。因证书封面为绿色而得名。我国自1990年开始在全国组织实施绿色证书工程，1994年3月14日，国务院办公厅转发农业部《关于实施“绿色证书工程”的意见》通知（国办发〔1994〕41号），1997年4月22日颁布了“绿色证书”制度管理办法，制订了对农民从业的技术资格要求、培训、考核、发证、使用、检查评估等一系列管理规定及配套政策，作为农民从业和培训的规程，确保从业农民的技术业务素质。

1. 实施范围

“绿色证书”制度的实施范围涉及种植、畜牧兽医、水产、农机、农村合作经济管理、农村环保和能源等行业。凡从事这些岗位工作的农民，经过系统培训后，达到相关规定要求，即可获得绿色证书。

2. “绿色证书”的培训对象

具有高中以上文化程度的乡（镇）、村农业社会化服务体系的人员、村干部、专业户、科技示范户和一些技术性较强岗位的从业农民，均可接受培训并取得“绿色证书”。

3. “绿色证书”的资格标准

农民经过培训达到岗位规范规定的标准后，就可以取得“绿色证书”。农民技术资格岗位规范涉及政治思想、职业道德、岗位专业知识、生产技能、工作经历和文化程度等多个方面。其中最重要的是岗位专业知识和技能。“绿色证书”获得者需要比较系统地了解本岗位的生产和经营管理的基础知识，每个岗位的专业知识包括3～5门课程，300学时左右。对于种植业、养殖业等生产周期较长或技术性较强的岗位，需要经过一个以上本岗位生产周期的实践，掌握本岗位的生产技能并且达到所要求的熟练程度。

（二）基层农业技术推广人员素质提升培训模式

基层农业技术推广人员是农业技术推广工作的核心力量，是解决农业技术推广工作“最后一公里”的重要保障。配合基层农业技术推广体系改革与建设项目的实施，提升基层农业技术推广人员的服务能力和技能水平，进一步发挥现代农业技术培训基地在基层农业技术推广人员培训中的作用具有重要意义。近年来，农业农村部大力实施“现代农业人才支撑计划”“农技人员知识更新培训工程”“基层农技推广特岗计划”等人才培养工程，加强农业科研、技术推广和农村实用人才的队伍建设，为现代农业发展提供智力支撑和人才保障。同时，也组织不同层次的农业技术推广人员素质和能力提升培训，为我国农业技术推广队伍建设提供重要支撑。

(三)农村干部学院培训模式

依托高等农业院校的教学管理资源，对县(市、区)分管农业农村工作的党政领导班子成员、县级涉农部门负责人、乡党委(镇党委)和村干部大学生“村官”骨干和农村实用人才等进行培训。培训内容紧紧围绕农村经济社会发展需要和农村干部工作及成长发展需要，有针对性地开展党在农村工作的方针政策、科学发展观与社会主义新农村建设、国情省情教育、农村基层组织建设、农村工作法律法规、农村工作理论与实践、农村改革发展热点与难点、边疆民族地区农村发展与稳定、扶贫开发与生态建设、民族宗教政策、新形势下做好群众工作的方法、现代农业科学技术等方面知识和内容的培训。通过系统规范的教育和培训，努力提高基层干部和农村各类人才的素质和能力，建设一支“守信念、讲奉献、有本领、重品行”的人才队伍，为做好农村工作提供人才支撑和干部保障。

(四)新型农业经营主体培训模式

新型农业经营主体是发展现代农业的生力军和引领力量，新型农业经营主体带头人是新型职业农民的优秀代表。自 2016 年起，农业农村部要求依托新型职业农民培育工程，组织实施全国新型农业经营主体带头人轮训计划，省级农业农村行政主管部门制订本省轮训方案，具体包括培训教材、培训师资、培训环节等，按照“一点两线、全程分段”的培训方式，指导培训工作。县级农业行政主管部门牵头落实本县新型职业农民培育工作，将带头人送到符合条件的培训机构和实训基地(农民田间学校、农民合作社)进行培训。各级农业行政主管部门要把农业广播电视学校作为基础力量和基本依托，按照“一主多元”新型体系布局和运行要求，积极建立政府部门统筹领导下的“专门机构＋多方资源＋市场主体”的组织服务方式，确定一批符合条件的培训机构和实训基地(农民田间学校、农民合作社)，并向社会公开。要充分利用农业院校、科研院所、农技推广机构的师资力量和基地设施开展培训，积极引导龙头企业、农民合作社等社会力量参与培训工作。

新型职业农民是以农业为职业、具有相应的专业技能、收入主要来自农业生产经营并达到一定水平的现代农业从业者。自 2012 年以来，按照党中央、国务院的部署要求，农业农村部、财政部等部门启动实施新型职业农民培育工程，各地加大组织实施力度，创新机制、建立制度、健全体系，新型职业农民培育工作取得明显进展。2017 年，农业部印发了《“十三五”全国新型职业农民培育发展规划》(农科教发〔2017〕2 号)，规划指出，“以提高农民、扶持农民、富裕农民为方向，以吸引年轻人务农、培养职业农民为重点，通过培训提高一批、吸引发展一批、培育储备一批、加快构建一支有文化、懂技术、善经营、会管理的新型职业农民队伍。”

(五)农村劳动力职业技能培训

1. 培训原则

(1)统筹规划原则　农村劳动力职业技能培训要科学规划、统筹安排、突出重点、分步开展。把职业技能作为职业准入制度的重要内容，通过深入调查研究，摸清农村富余劳动力的基本情况，制订切实可行的培训计划；要突出重点，逐步在农村富余劳动力较多的地区和贫困地区开展培训。

(2)实用性原则　根据劳动力市场变化和用工单位的要求，有针对性地开展培训，尤其要加强对劳动密集型产业和新行业、新工种的培训；突出基本技能和技术操作规程的培训，根据不同学员的需要，实行长短结合、灵活多样的培训方式，做到培训与技能鉴定相结合、培训与就业相结合，增强培训的针对性和实效性。

(3)服务就业原则　以劳动力市场需求为导向，以满足用工单位需求为宗旨，以提高就业能力和就业率为目标，实行“定向”和“订单”培训，加强与用工单位和就业市场挂钩对接，以需定培。把“定向”和“订单”培训、职业技能考核、就业介绍、就业后服务管理等融为一体。

(4)机制创新原则　以现有教育培训机构为渠道，优化配置培训资源，创新培训模式，多渠道、多层次、多形式地开展劳动者职业技能培训。引入竞争机制，实行培训项目招标制和培训成果购买制。培训机构要整合资源，激活用人机制，实行竞争上岗、绩效挂钩，努力提高培训质量和效果。

2.培养重点

农村劳动力职业技能培训重点如下。

(1)劳动密集程度高，吸纳数量大的加工业、建筑业等工种，如机械加工技术、数控技术应用、电子电器技术应用、纺织服装加工、建筑施工等。

(2)就业方式灵活、就业门类繁多、就业弹性大的服务业，如家政与社区服务、烹饪与餐饮服务、保健与美容、驾驶与维修等。

(3)针对劳务国际输出进行培训，如建筑施工、服装加工等。

(4)围绕农业产业化，侧重产品加工、运输、储藏与销售、农村专业经纪人等方面的培训。

3.培训内容

农村劳动力职业技能培训内容包括以下3个方面。

(1)职业技能培训区分不同行业、不同工种、不同岗位，对外出就业的农村劳动力进行基本技能和技术操作规程的培训。

(2)政策、法律法规知识培训，帮助外出就业的劳动力了解有关务工经商、投资创业和回乡创业等方面的政策规定，熟悉《中华人民共和国劳动法》《中华人民共和国安全生产法》《中华人民共和国职业病防治法》《中华人民共和国消费者权益保护法》《中华人民共和国治安管理处罚条例》等法律法规，增强法律意识，保护自身合法权益。

(3)安全常识和公民道德规范培训，主要是安全生产、公共交通规则等常识，增强公民预防和处理不测事件的能力，树立建设城市、爱护城市、保护环境、遵纪守法的社会公德。

4.培训方式

(1)独立办学　充分利用农广校、农民科技教育培训中心、农业职业院校和教育、建设、劳动等部门培训机构的培训资源，全面发挥各个培训中心的优势，主攻1～2个优势专业，形成“拳头”产品，形成职业技能培训特色品牌。

(2)校际联合　一是依托职业院校或优质民办培训机构等社会教育培训资源的专业设施和师资力量，开展专业技能培训；二是与经济发达地区的农广校、农民科技教育培训中心、职业院校挂钩联办，并根据情况需要，采用异地培训的方式。

(3)校企联合　对教育设备、场地要求较高的培训，可与相关企业联合办学，既解决了培训设施不足的问题，又强化了现场实习指导，增强了培训的针对性和实用性。

(4)校乡联合　根据乡村发展的地域特点，结合当地农民的需要，将培训班办到田间地头，实现就地培训，就地或异地从业。既方便农民，又可以降低培训成本。

（六）农民创业培植培训

1. 培训对象

农村中具有高中以上文化水平、从事农业生产经营管理实践 5 年以上、市场意识和创业能力强、具有一定生产经营条件及专业化生产能力、接受过“绿色证书”培训或者“跨世纪青年农民科技培训”并获得相应培训证书的优秀青年农民。

2. 培训内容

农民创业培植培训包括以下 4 个方面的内容。

(1)向学员提供政策、法律法规、市场营销、财务管理等方面公共知识的培训。

(2)向学员提供生产、加工、贮运、管理等方面专业技能的培训。

(3)向学员提供致富等方面的信息，帮助学员解决生产中的技术难题。

(4)向学员提供发展生产所必需的资金、物流等方面的援助，帮助其创业。

公共知识、专业技能培训在培训单位完成，一般要进行 6 个月左右的集中面授，安排一个生产周期全过程的生产技能实践和锻炼。信息技术指导、资金扶持等后续指导服务在学员结业后回乡从事农业生产时跟踪完成。后续指导服务时间长短视具体情况而定，一般最低要求提供一个生产周期的指导服务。

3. 培训方式方法

农民创业培训一般分为学员选择推荐、实施培训、后续指导服务 3 个阶段实施。

(1)学员选择推荐　本着自愿和资格准入的原则，由学员本人提出申请，乡镇考察后向县级推荐，县农业部门与县农民科技教育培训中心审查复核，根据培植对象条件要求和年度培训计划，尤其是学员生产经营规模、条件和潜能方面，确定年度培训人员名单。

(2)实施培训　实施培训一般包括以下几个方面。

①明确培训单位及培训师资。②制订教学计划、教学大纲。按培植目标和内容要求，编制适当的教学计划和大纲，并根据学员要求，在培训过程中适当进行调整。③准备教材。教材一般由相关省或委托县及培训单位编写。④建立学员档案。填写年度新型农民创业培植工程学员登记表等有关表格。⑤建立教学班。教学班按产业组建，如玉米产业教学班、规模养猪教学班等；每个教学班学生不超过 30 人。⑥教学形式。一是采取互动式教学形式，倡导“兴趣是最好的老师”“态度决定一切”“知识是学会的而不是教会的”等新的教学理念，激发学员的学习兴趣，鼓励学员自主发现性学习。二是分班教学，公共课采取大班上课的形式，结合外出考察参观并以自学相辅，专业技能课分组教学。三是以能力教育为主线。采取“师傅带徒弟”“做中学”和答疑教学的形式进行，以实践操作为主，理论部分采取自学加集中辅导，完成一个产业的产前、产中、产后全过程的教学。⑦考试考核。在培训过程中，每个生产环节教学任务完成后，进行相应的考核。考核要注重能力的考察，可采取笔试、实践操作、作业相结合的形式；经考核合格者，发给创业培训结业证书。

(3)后续指导服务　后续指导服务由县农业、财政、银信等部门与培训单位共同组织实施。县农业部门根据学员生产实际情况，提出后续指导服务计划，内容主要包括生产项目、预期目标、扶持重点、资金及筹资形式、技术包保年限、学员权利与义务等；经与财政、银信等有关部门研究后，制作“创业培植后续指导服务卡”，责任单位和学员签字后作为合同书约束双方共同执行。扶持资金可从财政部门的贴息补助或部门小额贷款等渠道按相关规定办理解决。扶持资金额度一般应保证生产项目的启动，技术包保可依托培训单位承担。

二维码 6-2 农业技术推广培训教师能力要求

（七）涉农企业相关产品或技术应用培训

涉农企业获取利益的根本在于销售更多的产品，过去企业注重营销网络、营销人员和营销策略等方面的建设和管理，旨在推广和销售产品。然而，农民在购买相关产品和技术后，是否能够充分发挥该产品的产量和效益潜力？除了与其本身质量有关，还与其配套的服务和技术指导密切相关，这就要求企业在销售产品和技术的同时，做好相应的技术服务和指导工作，既可以保证农民的利益，又可以通过农民的认可进一步扩大营销规模，实现企业和农民的双赢。

三、农业技术推广培训的实施

1.培训活动计划的制订

为了保证农业技术推广培训的效果，在实施农业技术推广培训活动之前，农业技术推广组织或者推广人员必须进行农业技术推广培训需求分析，深入“三农”中，广泛调查和了解农村、农民的现实需求，在系统调研和科学分析的基础上，确定农业技术推广培训内容，制订切实可行的培训计划，主要包括。

（1）培训活动的目的、内容和培训教师等。

（2）培训对象、培训对象的素质和参加人数等。

（3）培训场所、培训时间、培训组织形式和手段等。

（4）培训相关设备和经费预算等。

2.推广培训活动计划的实施

为了保证推广培训活动的正常实施，推广培训组织者应做好下列工作。

（1）培训场所（包含示范和实习现场）、设备、经费的准备。

（2）培训教师的联系和安排。

（3）课程或培训内容的日程安排和通知的发出。

（4）教育培训过程的交通、食宿、宣传和安全等各项组织工作。

3.推广教育活动的总结和评价

（1）培训是否达到了预期的效果？

（2）培训时间的长短、培训的场所是否合乎要求？

（3）培训的组织工作有哪些经验教训？

（4）培训内容创新性、针对性和实用性是否合适？

（5）培训教师的综合表现如何？

（6）参加者是否满意，有哪些意见和要求？

项目三　农业技术推广咨询

一、咨询的含义与特征

(一)咨询的含义

1. 咨询

咨询在现代汉语中,是询问、谋划、商量之意,在欧美国家,咨询一词为 consult,consultation 或 advisory work 等,其含义是同别人商量,向别人或书籍寻求知识或建议的过程,美国咨询协会对咨询的定义是:咨询是指基于专业知识提供信息和建议,任何人或机构对事物的认识都存在局限性,而咨询更多的是不断地帮助客户发现问题,基于规律性认识建立系统化解决方案的思辨和实践过程,这便是咨询得以产生的根本原因。

2. 咨询活动

咨询活动成为一个独立行业的标志是在 19 世纪末英国的约翰·斯梅顿为满足新兴资本家扩建厂房、急需建筑工程方面的专门人才这一需求而成立的"土木工程协会",随后咨询作为一项具有参谋性、服务性的社会活动,在军事、政治、经济领域中发展起来,已成为社会、经济、政治活动中辅助决策的重要手段,并逐渐形成一门应用型软科学。

(二)咨询的特征

1. 服务性

服务性是咨询的首要特征。咨询就是为委托方服务,从委托方的根本利益出发,为委托方做出正确的判断,提供最佳的对策和方案。

2. 专业性

咨询与一般服务的根本区别在于咨询是知识密集型产业,不仅要求咨询人员具有丰富的知识、经验,掌握咨询技法,而且要求咨询机构能够组合多种专业知识,在具体咨询活动中采用最新的科学方法和手段,为委托方提供最佳解决方案。

3. 客观性

咨询的客观性是指咨询内容不能被任何关系左右,必须在职业准则的基础上应用专业知识结合实际情况对咨询者提出的问题做出科学合理的判断,提出可行的意见和建议。

4. 经营性

咨询活动成为一个行业,也使得咨询活动市场化。按照市场经济规律进行运作是咨询活动成为独立产业的主要标志。

(三)咨询的程序

咨询的基本程序一般包含 5 个阶段,即接洽阶段、正式咨询阶段、提交咨询报告阶段、辅助实施阶段与总结完善阶段。

1. 接洽阶段

该阶段主要通过咨询方(客户)和受托方(咨询机构)双方的商洽,明确双方的合作意向,并在此基础上组织专家小组,向咨询方提交建议书。若建议书能被咨询方接受,双方将在提交的项目建议书的基础上就咨询任务的内容、要求、预期目标、期限和费用达成协议,并签署正式咨询协议。

2. 正式咨询阶段

咨询机构组织的专家组围绕咨询课题展开深入调查,明确调查目标、界定调查范围,充分利用各种信息渠道获得大量的信息和数据,并利用各种分析方法进行分析研究,为解决问题制订方案,提高其可行性和时效性。

3. 提交咨询报告阶段

把正式咨询调查分析的结果及改善方案撰写成文字简练、图示清晰的咨询报告,提交给客户。

4. 辅助实施阶段

该阶段主要是帮助咨询方实施对策方案,协助克服实施过程中遇到的各种困难,使整个咨询工作产生时效。

5. 总结完善阶段

咨询任务的结束并不代表双方的关系结束。咨询机构方还将为客户定期进行访问,对实施过程中遇到的各种问题及时给予解答,协助客户采取必要的修正措施。

二、农业技术推广咨询概述

(一)农业技术推广咨询的含义

农业技术推广咨询是针对农业技术推广对象的需要与问题,把有用的信息传递给推广对象,并帮助其有效地应用这些信息,改善其生产与生活状况的服务过程。它是现代农业技术推广的重要特征。发达国家农业技术推广咨询发展较早,研究也比较深入,服务对象主要以政府、企业和农场为主,注重政策信息及商务信息的服务。

(二)农业技术推广咨询的内容

我国农业技术推广咨询服务于农业、农村和农民,服务内容虽涉及农村生产、生活的各个方面,但目前仍以生产技术传播为主。随着社会主义市场经济的逐步发展,农业技术咨询服务的业务范围也逐步扩大,内容逐渐增多,大致有以下几个方面:为地区、行业、部门农业技术推广规划的制订,农业科技项目的选择,进行技术预测、评价、论证以及为组织实施提供技术咨询服务;为农业技术攻关、农业技术综合改造工程,提供咨询服务;为农业新技术的开发与应用提供咨询服务;对农业技术难题组织"会诊";为农业技术转让及科技成果在农业上的应用,提供信息和预测;为农业资源的合理开发与综合利用提供咨询;提供农业技术信息和预测;为有关农业技术引进和改造项目贷款提供可行性咨询服务;为有关专业人才培训提供信息或方案。

(三)农业技术推广咨询的渠道与方法

1. 办公室咨询或定点咨询

办公室咨询或定点咨询是指农业技术推广人员在办公室(或在定点的推广教育场所)接受农民的访问(咨询),解答农民提出的问题或向农民提供技术信息、技术资料,属于较高层次的咨询服务工作。农民来办公室访问(咨询),从心理学分析,这类农民期望得到农业技术推广人员的帮助,同时这类农民学习兴趣都比较浓厚,对推广人员要求很高。由于是农民主动求教,他们很容易接受农业技术推广人员的建议和主张,效果较好。

同时农业技术推广人员可以利用节假日、集会和各项公众活动周(日、月),针对办公室咨询中获取的信息,开展某一方面的技术咨询和宣传活动,可以有效地克服办公室咨询中来访的农民数量有限的缺点。

2. 信函咨询

信函咨询是以发送信函的形式传播信息。它不受时间、地点的限制,也没有方言的障碍,不仅为农业技术推广人员节省了时间,而且农民还能获得较多、较详细、具有保存价值的技术信息资料。信函咨询在发达国家和地区应用较为普遍,但在不发达国家和地区,由于农民文化程度较低,回函要占用许多时间以及信函邮递时间长等原因,应用较少。

3. 电话咨询

电话咨询是一种效率高、速度快、传播远的方式,但由于电话咨询受到时间、环境、费用和咨询效果等多种因素的限制,农民采用的频率较低。

4. 网络咨询

随着信息技术的快速发展,以计算机及移动通信设备为工具的网络系统逐渐成为农业技术推广工作的重要手段。网络咨询作为一种方便、简捷、快速和有效的咨询方式受到了许多文化农民的欢迎。

二维码 6-3　农业技术推广技术咨询服务的程序

三、农业技术推广咨询的模式

近年来,农业技术推广咨询的新型模式不断涌现,如农业科技家教、农业专家大院以及电子农务等。

(一)农业科技家教

农业科技家教是一种新型的农业技术推广咨询模式。通过这种模式,农业科技人员直接进入农户,通过签订协议或技术承包,对农户进行有偿的农业生产经营技术指导,或者是农户根据自己发展商品生产的需要聘请农业技术人员或农业专家,对家庭经营进行直接、具体的指导。实践证明,农业科技家教是我国基层农业技术推广体制和机制创新的成功尝试,它改变了传统模式下政府下达推广指令、农民被动接受的局面,使得农民成为技术需求和技术选择的真正主体;推广内容也由单项技术推广普及转变为“三农”综合服务的系统技术,包括技术服务、提供市场信息、经营指导、农民教育等;推广方法由传统的灌输,改变为与农民平等沟通、直接交流启发、个性化指导等方式。

(二)农业专家大院

农业专家大院是一种多元信息传播主体相结合的农业技术推广咨询模式，该模式一般由4部分组成，即政府、农业专家、企业或农民协会和农户。政府、专家、企业为信息传播主体，农户为主要信息受体。信息传播主体各负其责，分别以自己不同的信息传播方式将科技信息传递给农户。

农业专家大院主要采用企业或协会管理方式。政府信息服务部门仅仅是配合企业提供全程化服务，制订专家大院发展规划，出台专家聘用和专家大院管理办法，负责组织协调、项目包装、科研项目立项申请、信息供给及农业信息应用软件开发等综合服务。企业实体或专业协会设有专门的信息服务组织，既负责农产品的销售，又负责向政府和农户上传下达农业科技信息，大院聘请的专家负责研究开发推广高新技术和农户的技术培训，企业利用高新技术抢占市场制高点。农户既是信息受体又是信息传播主体，他们一方面根据专家的技术指导和企业提供的市场信息，科学规范地进行商品生产；另一方面形成多级传播方式向身边或下一级农户传播信息，同时肩负起为专家大院反馈信息的任务。

农业专家大院的主要任务有以下4个方面。

1.科技成果示范

把实用科技成果在专家大院进行组装配套、生产示范，加速新品种、新技术、新工艺等的推广应用，并通过示范户的辐射带动作用，带动相关产业发展，建立一批能够反映区域资源优势和农业产业特点的科技成果转化示范基地。

2.科技企业孵化

对生产中急需解决的问题或发展前景广阔的项目开展研究，推广一批能满足产业发展急需的瓶颈技术或发展前景广阔的项目，扶持一批企业化运作、开展科技成果推广的科技型龙头企业、专业协会等实体。

3.科技中介服务

科技中介服务是沟通农民与企业等市场主体的纽带和桥梁，其通过互联网等手段，为农民提供致富信息和市场信息等服务，提高农民收益。

4.科技培训

利用科技专家大院的条件和示范项目，以农村科技能人为重点，为大院周边区域的农户开展科技培训，提升他们的科技素质与带动周边农民致富的能力。

(三)电子农务

1.基本概念

电子农务是借助现代通信网络，以手机短信、语音、互联网和手机上网等方式，向农民提供专业、权威、及时的农业科技、政策、市场行情等各类信息的农业技术推广咨询形式。电子农务破解了农业技术推广“最后一公里”的难题，对有效推进新农村建设，特别是对经济尚不发达的地区如何以信息化带动新农村建设提供了可以借鉴的思路，具有强大的生命力。电子农务是适应我国对“三农”问题建设的需要而逐步产生和发展的，包括3个部分，即电子农村、电子农民、电子农业。

(1)电子农村　电子农村是指要建设一个信息化的农村、学习型的农村、信息高速加工和传播利用的农村。

(2)电子农民　电子农民是指要培养信息化的农民,让拿锄头的农民也能拿起鼠标,通过各种信息化手段与现代社会对接,转变传统落后的生产方式和市场观念,让传统意义上的农民成为素质高、懂技术、会经营的现代新型农民。

(3)电子农业　电子农业是指农业生产、销售、运输以及其他配套体系都要信息化,与国际市场同步,在农业产业中实现标准化、规模化,在农产品包装和运销中逐步实现品牌化、国际化,并且要有效地降低和规避市场风险。总之,电子农业就是要“一化带动四化”,即用信息化带动标准化、规模化、品牌化和国际化。

2.电子农务的服务形式

(1)信息的订制和发布服务　农民通过发送短信订制、点播各种农业科技信息,满足个性化信息需求。

(2)网络信息服务　具备上网条件的农民可以登录电子农务网站,进行信息浏览、检索、留言和发布,还可以通过留言和农业专家直接进行交流和沟通。

(3)声讯信息服务　针对不会发送短信的农民,客户服务中心专门开辟电子农务服务专线,受理农民农业生产方面的业务咨询,农民通过手机直接拨打至电子农务服务专线,客户服务人员接到用户咨询后,可立刻到电子农务网站的农业常见问题汇总库中查询答案后立即回复。

3.电子农务平台的信息服务内容

(1)供求信息　主要包括各种农副产品和农业生产资料(如种子、农药、化肥、饲料、农机等)的市场供求信息,也包括农民生活用品的市场供求信息和农村文化产品(如传统手工艺品、地方特色文艺节目等)的市场供求信息。

(2)价格行情　主要指各种农副产品和农业生产资料最新价格行情。

(3)农业生产技术信息　主要包括各种农作物的病虫害防治、种植、养殖技术,农作物的分析预测等信息。

(4)专家答疑　主要是种植、养殖、加工、经营等各类专家,通过语音为广大农民进行答疑解惑,提供季节性、临时性指导意见。

(5)政策法规　主要是国家对农业的宏观政策及各类农村政令,以及省、市、县各级地方政府对各项农产品的指导性意见。

(6)跟踪式服务　这种服务是一揽子服务,包括年初国家对本年度农业生产的指导性意见及省、市、县的具体措施等。

4.电子农务的类型

当前我国电子农务的主要类型有如下3种。

(1)电子农务网　电子农务网是利用网络、通信、多媒体等技术建立的一个综合性网站。网站中包括了农业新闻、农业技术、供求信息、价格行情、农务信息等多个版块。农民可以通过访问相应版块来获取农业信息、学习农业技术。电子农务网中还提供了农业专家系统,此系统可以为农技工作者和农民提供方便、全面、实用的农业生产技术咨询和决策服务,解决农民在生产过程中出现的各类问题。

(2)农务通　农业掌上电脑或智能手机是集计算机技术、人工智能技术及农业专家技术于一体的便携式农业高新技术产品。可以帮助农民快捷、简易地获取有关生产、气象、市场等相关资讯，快速、科学地解决农业生产中的实际技术问题，是用户随时随地与农业专家保持联系、成功逾越信息孤岛的便携式信息工具。目前，我国农务通的发展主要是利用短信与声讯技术为农民提供服务，这一技术主要是针对那些无法上网或不会上网的农民，他们可以通过发送短信订制、点播各种农业科技信息或拨打声讯电话来获取所需信息。

(3)智能控制系统　智能控制系统是利用计算机技术、通信技术、智能技术、传感器技术、控制技术等高新技术研发的一种农业应用系统，可以对农业生产环境中的温度、湿度、生物等信息进行数据采集，对获得的数据进行分析及判断，为农业生产提供实时信息和相关参数，并根据作物的生长发育规律对农业生产过程进行指导。智能控制系统与前两种不同，它可以提供的信息主要是农业生产过程中的实时信息，帮助农民了解生产中的各项参数，并为下一步的生产作准备。这种系统已经广泛应用于温室控制、灌溉控制、育苗等农业领域。

模块小结

农业技术推广培训与咨询以农民为对象，以推广工作、农村开发和农民的实际需要为教材，以提高农民素质，繁荣农村经济，改善农民生活为目的。因此，了解农业技术推广培训的特点和规律，掌握农业技术推广培训技能，对于做好农业技术推广工作是至关重要的。农业技术推广咨询服务是农业创新体系的重要组成部分，是将农民、涉农企业、农业研究和农业教育等利益相关方联系起来的桥梁和纽带。在乡村振兴战略和现代农业创新中需要加强推广咨询服务的新作用，无论是推广体系还是推广人员都要提高服务农业价值链为导向的能力，开展面向市场的推广咨询服务，逐步形成农业技术推广体系与农民、涉农企业、农协等组织信息分享的机制。

模块巩固

1.农业技术推广培训的类型有哪些？
2.农业技术推广培训的基本方式有哪些？
3.农业技术推广培训有哪些模式？
4.农业技术推广咨询的基本内容有哪些？
5.简述农业技术推广咨询的主要模式。

模块七

农业技术推广试验与示范

【知识目标】

通过本模块学习，理解农业技术推广试验的基本要求和推广试验设计的基本原则，了解中间试验的作用和实施要求，掌握农业技术推广试验、成果示范和方法示范等基本技能。

【能力目标】

具备制订试验计划的能力，能够独立进行试验设计，并正确实施试验；具备成果示范的技能，能够对成果示范进行总结。

农业技术推广试验与示范是农业技术推广工作的基本程序，计划推广的成果必须经过试验与示范后才能大面积推广。农业技术推广试验与农业科学试验有很多相似之处，农业技术推广试验的基本要求是目的明确、结果可靠、代表性强、慎下结论和试验可行，农业技术推广试验设计过程应遵循适当重复、随机排列、唯一差异和局部控制原则。农业技术推广示范分为成果示范和方法示范两种，成果示范是将科技成果直观地呈现给农民的方法，能够起到辐射和带动作用；方法示范则需要周密安排和精心准备，相对成果示范来说，受众面较小，需要农业技术推广人员具备较高的语言表达能力。

项目一　农业技术推广试验

农业技术推广试验是农业技术推广的基本程序之一。同一项技术，在不同区域和不同地理条件下会表现出不同的趋势。不管要推广的技术来自哪里和哪个机构，要想进行大面积推广，都必须经过农业技术推广试验，验证其在当地的适应性和表现情况，进一步明确其技术要点和注意事项。

一、农业技术推广试验的基本要求和设计原则

(一)农业技术推广试验的基本要求

1. 目的明确

农业技术推广试验开展之前应该对试验结果有一定的预期和预测。试验项目的选择要紧

密地和当前的生产实际结合，针对农业生产中亟待解决的问题，并根据试验目的将农业技术推广试验进行科学的设计、精心的安排和稳妥的实施，最后才能得出预期的结果。所以说，试验目的是农业技术推广试验的开端，也是非常重要的一个环节。

2. 结果可靠

农业技术推广试验是科学试验的组成部分，所以结果的可靠性就是应有之义和必然要求。农业技术推广试验的结果要经得起推敲和质疑，要具有可重演性。保证试验数据的准确性是科学试验的要求。如何才能保证试验数据的准确性呢？从统计学意义上说，试验数据的准确性就是要严格控制试验误差。试验误差来自两个方面：一是系统误差，二是试验误差。当试验中存在较大的系统误差时，无论精确度高还是低，试验结果都是不可靠的。控制误差的方法首先是科学地进行试验设计，然后就是尽可能保证除控制因素以外的各因素处于同一条件下。在试验过程中，要采取一切办法避免系统误差，还要特别注意避免工作中的人为差错，如人为的操作失误造成的栽培措施差异和数据录入差异等。为了保证试验精确，按照试验设计的唯一差异原则，田间试验实施前要选肥力均匀、平整的试验地，养殖试验中要选代表性好的试材，而且要注意选用相应的试验设计方法，以减少误差。总之，要从根源和过程中全面提高试验结果的可靠性。

3. 代表性强

农业技术推广试验的代表性主要体现在农业试验条件的代表性和农业试验材料的代表性上。

(1)农业试验条件的代表性　农业试验条件的代表性是指尽量将农业技术推广试验的条件设置成与预计要推广的地块和条件相一致，如田间试验中选用试验地的土壤种类、结构、地势、土壤肥力、气象条件、耕作制度、管理水平等都应当具有代表性。养殖试验中，畜禽养殖规模、设备机械化、自动化水平等与当地的生产现状及经济条件相适应。

(2)农业试验材料的代表性　农业试验材料的代表性，既要考虑当地当前生产实际，又要预见近期发展的需要，应该做到当前与长远相结合。农业试验材料的代表性是指试验中所用的一切材料一定要能代表所有人的成果，如品种、肥料、农药，对照材料的纯度、净度、有效成分都要有代表性。其中要特别注意同各种不同质的材料比较。如同样是氮肥，有尿素、硝酸铵、碳酸氢铵等种类，如何进行科学的选定就是关键问题。这对于决定试验结果在当时当地的具体条件下可能推广的程度，具有重要的意义。

4. 慎下结论

农业试验本身具有很多不确定性因素，所以农业技术推广试验需要谨慎地下结论，不能简单地依据一年或者一个试验点的数据就轻易得出某种结论。如种植业田间试验受到复杂的自然条件影响，年际间的降水差异和自然条件变化往往会导致试验结果的不同，如果由此得出相应的结论就会失之偏颇。同样，同一个试验材料、同一种年景在不同的田块种植也会得出不同的结果，甚至同一种条件下也会得出不同的试验结果，过早地下结论也会导致结论的不可靠。所以在进行农业技术推广试验时，要进行多年多点试验，经过几年的实际验证和综合分析，得出一个较可靠和值得信服的结论，然后才能进行成果示范和大面积推广；否则，轻易地进行推广容易存在潜在的风险性。

5. 试验可行

试验的可行性就是要考虑科技成果的本身特性和推广工作的艰巨性。也就是说，农业技术推广试验要选择合适的技术，另外要考虑自己的实际情况。农业科技新成果和新技术一般都具有很好的发展前景和推广价值，但是不是所有的成果都适合本地发展，而且有些新技术和新成果是很难进行试验验证和分析的，或者该试验需要投入的人力、物力太多，这些都会限制我们开展试验。所以开展试验之前，要先考虑该试验的可行性，在保证可以顺利完成和预期成效的基础上再去开展和实施，这样可以避免试验无法完成的情况。

（二）农业技术推广试验设计的基本原则

试验设计的目的主要是科学安排试验内容并控制误差，设计的试验要便于进行统计分析，以便做出正确的推断。良好的试验设计不仅可以节约工作时间，提高效率，更可以通过设计科学的分析得出可靠的结论。试验设计首先应该考虑试验目的，其次要考虑现有条件的限制。目的是第一位的，农业技术推广试验设计要在保证试验结果的前提下，尽量减少工作量和设计数量。

试验设计中有很多需要注意和遵循的事项，比如如何控制误差、如何设计处理等。具体来说，进行农业技术推广试验过程中需要遵循以下原则。

1. 适当重复原则

试验中同一处理或者处理组合出现的次数称为重复次数。在田间试验中，同一处理种植的小区数为重复次数；在养殖试验中，同一处理设置的头数或圈数为重复次数。试验中设置处理是为了尽可能地减少地块间的差异，消除由于人为安排所带来的试验误差。没有重复就无法计算和估计误差大小。试验误差大小与重复次数的平方根成反比，重复次数多，则误差小。多次重复求得的处理平均数比一次重复的数值更为可靠，也使处理间的比较更为可靠。试验设置的重复次数并非越多越好。重复次数设置的多少，可根据试验条件、试验要求、供试材料和试验设计而定。试验条件较为一致时，重复次数可适当减少。目前农业技术推广试验中，一般重复 3～5 次。

2. 随机排列原则

由于不同处理间所处的环境条件供试材料等或多或少存在差异，为避免人为主观因素的影响，不同处理应平等分配，即必须使用随机分配的方法。一般在每个重复区组中每个处理或处理组合应随机出现一次。在农业试验中，常用抽签的方法决定处理小区位置。随机排列与重复结合，试验就能提供无偏试验误差估计值。要求试验中的每一个处理都有平等的机会设置在任何一个试验小区（试验单位）上，只有随机排列才能满足这个要求。随机排列不是无序排列，而是一种科学安排小区位置的方法。

3. 局部控制原则

局部控制是指在试验时采用各种技术措施来控制和减少处理因素以外其他各种因素对试验结果的影响，使试验误差降到最小，保证试验结果正确可信。在田间试验中，试验地土壤肥力差异是试验误差的主要来源之一，它通常表现为相邻土壤地段内肥力较一致。试验中增加重复次数，相应扩大试验田面积和增大试验地的肥力差异。为了使重复更有效地降低试验误差，重复与局部控制相结合是有效的手段之一。局部控制就是把试验地分为与重复次数相等的区组数。

为了使同一区组内土壤肥力尽可能一致，要把区组的长边方向垂直于肥力梯度；在每一个重复区组内随机排列各处理小区时，注意小区的长边方向应平行于肥力梯度，达到在同一重复区组内处理小区取得相对相同的肥力待遇。在同一区组内，无论土壤肥力条件，还是人为的一切管理措施的质量、数量和时间要求都要尽可能一致，把相对不一致性放在区组间，这就是局部控制在田间试验中最基本的要求。试验过程中还要及时控制和排除来自外界的干扰因素。

4.唯一差异原则

唯一差异原则是指农业技术推广试验过程中，设计处理之间只允许存在控制因素的差异，其他非处理因素尽可能地保持一致。差异就是我们试验设计中的处理或者因素，研究哪个因素，哪个因素就可以存在差异，其他条件保持一致。因为动植物的生长过程受到多种因素的影响，如果不遵循唯一差异原则，人为造成处理间的差异，那么处理间的差异来源就解释不清楚，造成试验数据和结果的不可使用。

试验设计时应该注意以下 4 个原则。

(1)适当重复原则可降低试验误差和估计试验误差。

(2)随机排列原则是为了正确无偏估计试验误差。

(3)局部控制原则有利于降低试验误差。

(4)唯一差异原则有利于试验数据的准确性和试验结果的权威性和说服力。

遵照这些原则的共同目的是使农业技术推广试验能够准确、科学，真正得出经得起推敲和时间检验的可靠结论。

二、种植业常用的试验设计

在农业技术推广试验中，既有最简单的两个处理试验，也有较复杂的单因素或多因素两个以上的多处理试验，因而所采用的试验设计不同。以种植业为例，介绍几种农业技术推广试验中最常见的试验设计方法。

(一)单因素试验

单因素试验是农业技术推广试验中最简单的试验，也较为常见。如某地区引进一个新品种或新的作物栽培技术，鉴定其增产效果，就属于这种最简单的试验。试验设计中一般仅有两个处理，其中一个为对照。

单因素试验可以成组设计，也可以成对设计，试验设计简单方便，统计分析也较为简单，将处理和对照进行比对即可。单因素试验可以设计对照一个水平，同样可以设计不同的水平梯度和对照，总之，只要是控制因素唯一就可以按照单因素试验的设计进行。单因素试验经常用于新品种引进、新肥料试用等因素单一的农业技术推广试验中。

单因素试验在进行设计时应该注意处理间的随机性和梯度设计，如果要设计密度试验，最好先进行论证和田间考察，得出目前主要大面积应用的密度，然后再进行梯度设计。这样既可以保证试验的应用性，又可以方便统计分析。

(二)随机区组设计

1.单因素的随机区组设计

这种试验设计依据局部控制的原则，把试验地按肥力划分为等于重复次数的区组，而区组内小区则完全随机排列。这种试验设计由于具有设计简单、能提供无偏的误差估计、对试验地的地形要求不严等优点，因而在农业技术推广试验设计中经常被采用。不足之处是这种设计不允许处理数太多，否则随着试验面积的增大，局部控制效率会降低。一般处理数以 6～10 个为宜。

2. 两因素的随机区组设计

试验中当两个因素同等重要，而处理的组合数又不太多时，可以采用两因素随机区组试验设计。两因素的随机区组试验设计，与单因素的随机区组试验设计原理一致，试验的组合数不宜过多，区组和小区的排列与单因素的随机区组试验完全相同。

例如，3 个水稻品种及 3 种施肥水平的试验，是两因素试验。采用随机区组设计时，试验的处理数等于水稻的 3 个品种与施肥的 3 种水平的乘积，即 9 个处理组合。如果设 3 次重复，则可将试验地划分成 3 个试验区组，在每个区组内随机排列 9 个处理组合。

3. 裂区设计

裂区设计是多因素试验的一种设计形式。试验中，如果处理的组合数较多而又有一些特殊要求时，常采用裂区设计。

在裂区设计中，往往按照处理的影响程度进行设置。一般设置影响程度大的为主区，然后在主区内设置第二个因素的处理，称为副区（也称裂区）。在统计分析时，可分别估算主区与副区的试验误差，副区的误差常小于主区。当有第三个因素时，可以设置副副区，这时试验设计为裂裂区。

例如，做品种与灌水量两因素试验时，可以采取裂区设计。以 A 代表品种，4 个品种分别以 A_1、A_2、A_3、A_4 表示；以 B 代表灌水量，3 种灌水水平分别以 B_1、B_2、B_3 表示。在设计时，以灌水量(B)为主区，以品种(A)为副区，田间排列如图 7-1 所示。

重复Ⅰ		重复Ⅱ		重复Ⅲ	
B_3	A_1	B_3	A_2	B_1	A_4
	A_3		A_4		A_3
	A_2		A_1		A_2
	A_4		A_3		A_1
B_2	A_2	B_2	A_1	B_3	A_3
	A_3		A_3		A_2
	A_1		A_4		A_1
	A_4		A_2		A_4
B_1	A_3	B_1	A_2	B_2	A_1
	A_2		A_1		A_2
	A_4		A_4		A_4
	A_1		A_3		A_3

图 7-1　品种灌水量两因素试验裂区设计

三、农业技术推广试验方案的拟定与实施

(一)农业技术推广试验方案的拟定

推广试验方案是在进行推广试验之前依据试验目的和要求,提出想通过解决哪些问题以达到什么结果,并提出按何种程序去做的总称,主要包括试验课题选择、试验因素确定、试验处理设置、试验材料选择及研究方法确定等。

1. 试验课题选择

农业技术推广试验实质上是在某一地区或范围内验证技术的实用性。从这一点出发,作为农业技术推广工作者,必须经常深入当地农业生产实践中,进行广泛的调查,找出制约当地农村经济发展的关键因素和农业生产上急需解决的实际问题,以此作为选择试验课题的依据,在试验中验证实用性及先进性,并对技术进行符合实际的修正,避免盲目推广。

农业技术推广试验选题可依据以下原则。

(1)在农业生产上打算采用新技术(提高产量或提高效益),但在推广者之间或推广对象的认识上心存疑虑或意见不能统一,这时就要通过试验对比,让试验结果来回答问题,统一认识。

(2)外地先进技术经验在本地推广之前,必须进行试验。在试验过程中,既能起示范作用,又能避免因盲目推广使生产造成损失。

(3)推广科学研究成果,先要小面积进行试验,然后推广。如品种试验、肥料试验、栽培试验、农药试验等都要先在小面积上进行适应性试验,观察在当地的表现和适应情况,然后确定在本地是否可以推广、在什么条件下才能推广。

(4)在进行一项技术改革之前,最好的方法就是把旧的和新的技术在小面积上搞对比试验,将其整个过程和结果展示出来,说服群众。

(5)从长远考虑,设计一些能够从根本上改变农业面貌的科学试验,如土壤改良、植树造林、多种经营、水土保持、农田基本建设、治山治水、农机应用、耕作制度改革等。虽然这些科学试验一时不能见效,但经过一段较长的时间,就可以起到从根本上改变本地生产面貌的作用。

2. 试验因素确定

试验因素是根据试验目的确立的。总的原则是:单因素试验可解决的问题,就不要采用多因素试验;必须采用多因素试验时,也要尽量减少处理数量,应抓住关键因素进行预备试验,得到初步结论后,再进行复杂试验,这样由浅入深可得出明确结论。例如,进行新品种引进试验时,在常规的栽培措施下,通过比较品种的区域适应性、丰产性和抗病性等就可以确定该品种是否应该引进推广,不用再增加其他的试验因素就可达到试验目的,因此可进行简单的品种比较试验。

3. 试验处理设置

在试验方案中设定的因素或因素的不同水平,称为试验处理。在设置试验处理时,要结合当地农业生产中的实际问题及当地的自然环境条件,通过查阅相关的文献和总结群众经验,使所设置的处理具有科学依据及必要性。处理间差异比较要符合唯一差异原则。例如,在进行品种比较试验时,应该把生育期、株型相近的品种作为对照品种。生育期不同的品种,实际利用的光、温资源会存在差异。另外,植株的高矮所要求的种植密度也会存在差异,它们之间无

可比性。

试验处理间数量差异要合理，即处理间的数量差异既不要过小也不要过大。这样可使试验数据间既有明显差异，又可以获得相对精确的结果，从而具有真实可靠的推广价值。

试验处理因素水平的确定应该把握居中性、等距性和可比性 3 个原则。

(1)居中性　居中性就是水平上下限之间应该包含研究因素的最佳点，要达到这个要求需要借鉴引进技术的推荐参数，同时结合自己的实践经验进行确定。

(2)等距性　等距性即水平之间的距离相等，按照一定的梯度进行设计和安排。

(3)可比性　可比性是指某些试验因素无法用连续性度量进行统一衡量不连续的性状。

4. 试验材料选择

试验材料是指在试验过程中利用的各种农用物资，主要包括种子、农药、化肥、农膜及农机具等，是农业技术推广试验中必不可少的试验准备物资。选择试验材料时，应注意尽量选择那些常用的或者通用的试验材料，不要选择不常见的或者价格昂贵的材料。在材料的选择过程中，应该考虑到未来推广时农民的接受程度和熟悉程度。采用农民熟悉和通行的材料会较好地促进推广的顺利开展。

5. 研究方法确定

研究方法是针对研究内容提出的具体研究手段，主要包括试验规模、试验的重复数、试验地的安排、调查项目及用何种仪器或手段进行分析等。采用研究方法时，应该注意方法的通用性和认可程度，尽量采用国内外比较公认、通行的成熟方法。若没有成熟的方法可以借鉴时，可以采用符合科学规律的方法，但是在总结时一定要详细加以说明和解释，做到有理有据，被大家认同。

(二)农业技术推广试验的实施

农业技术推广试验的实施过程，是在确定试验目的、拟定好试验方案(即制订田间试验计划)的基础上，选择符合条件的试验地点进行试验，并且在试验过程中进行试验准备、栽培管理、田间观察与记载及试验总结的全过程。

1. 制订田间试验计划

对试验的目的要求、试验的方法及各项技术措施进一步明确。把田间试验的具体内容，包括试验的名称、时间、地点、田间设计、整地播种、田间管理措施、田间调查内容、室内考种、分析测定项目及方法等预先写在纸上。良好的计划是成功的一半，在制订计划时，尽量把能考虑的因素都考虑进来，避免出现突发状况，可以咨询一些经验丰富的专家或者农民，征求他们的意见，保障试验计划完备全面。

在制订田间试验计划时要考虑试验的工作量和可行性。农业技术推广试验做得越精细和全面，对以后的推广工作越有利，但是要根据现有的条件设置试验，不要过分地追求大而全，追求完美，要量力而行。

2. 试验准备

试验准备包括试验地的准备及试验所需农用物资的准备。试验地要求除具有代表性外，还应交通便利。试验地点一旦确立，应对试验地进行播种前的准备工作，要充分了解试验地的主要用途和近年来的作物种植情况。尤其是前茬作物的种植情况要进行考虑，然后才能进行翻、耙、耢、起垄等作业。特殊类型的试验还要进行一年或者两年的土地改良后方能进行。农用物资的准备，主要是试验过程中所使用的种子、化肥、农药、农膜、农机具等。化肥的采购要注意元素的含量，农药的准备要考虑其生态影响和对作物安全性的影响。试验所用的处理要清晰地标示在醒目的位置，便于田间管理和其他人参观。

3. 栽培管理

在试验过程中，所采用的技术必须准确无误地进行操作，由专门技术人员负责。能够对试验结果产生影响的因素都要及时全面进行记录。对于试验因素以外的其他栽培措施也应力求质量一致，避免由于栽培管理所引起的人为试验误差。

4. 田间观察与记载

农业技术推广试验对象大多是有生命的生物体，其生长发育受外界环境、生产条件的影响较大。因此，在不同的试验地区对其进行生长、发育动态的观察及测定，对于最终说明其产量效应及对试验结果进行正确分析和判断具有重要意义。

一般来说，试验的田间观察依据试验目的不同有一定差异。但一些基本的调查项目，任何试验均需要进行调查。例如，气候条件、田间的农事操作、作物的生长、发育动态、抗逆性及收获后室内进行的作物产量构成因素分析和产量的测定。

5. 试验总结

试验总结是在全部试验结束后，依据试验中所获得的数据对试验进行综合评价的过程，它是全部试验最重要的一个环节。依据试验结论确定试验技术是否具有可行性，或者对某些不合理的方面进行改进。另外，要对技术的社会效益、经济效益、生态效益进行综合评价。在获得多年重复试验结论的基础上，对该项技术是否进行大面积推广做出明确的结论和建议。

(1)试验总结内容　试验总结的主要内容包括：试验目的、试验概况、试验的材料和方法、试验的数据分析、试验的评价与结论等几部分。

(2)试验总结的撰写　试验总结的撰写，要求客观、真实地反映农业技术推广试验的全过程。试验地和试验材料方法描述要详细，数据分析必须作方差分析和误差分析，不能简单地进行平均。尤其是对试验的评价和结论部分，应该慎重对待。没有明确证据时不能轻易下结论，要在对试验进行全面分析和综合考虑的基础上提出相应的结论和结果，为示范和大面积推广提供科学依据。

四、中间试验

(一)中间试验的概念

农业技术推广上的“中间试验”是借用工业技术试验程序中的名词。中间试验简称“中试”，是指在农业技术推广试验的基础上，探讨不同的农作物群体、不同的品种、不同肥料配方用量、不同栽培技术管理等，进一步明确在当地大面积的条件下最适宜的技术方案，为今后的成果示范和方法示范奠定基础。

(1)中间试验的意义　通过中间试验，能进一步证实农业科技成果的准确性、可靠性和可行性，了解在不同地域条件下的适应性和丰产性，明确适用范围和关键技术环节。例如，作物新品种的中间试验一般称为生产试验或区域试验，区域试验中表现好的品种，可以推荐到农作物品种审定委员会去审定。只有经过权威机构和部门审定合格的作物新品种才可以大面积推广。因此，中间试验是农业科技成果从小区试验到大面积示范推广的必要、关键环节。在农业技术推广程序“先试验、后示范、再推广”中第一步就是试验，包括小试、中试。这里的中试指的就是中间试验。

(2)中间试验的主要任务　在当地大面积的条件下，进行适应性研究。虽然不是直接向农民推荐科技成果，但也常有推荐的效果，起到一些示范作用，可以组织农民现场学习参观，使农民了解这些试验措施是准备推荐的，并使农民相信即将推广的新技术、新成果是经过试验证明的，是值得采用的。

(二)中间试验的作用

1. 桥梁作用

农业科技成果受自然条件的影响较大，具有较强的地域性，在试验条件下或小区试验中成功的新品种或新技术并不等于在大面积条件下一定能够直接推广成功。在投入大面积推广之前必须经过比较接近大面积生产条件的中间试验示范，所以中间试验是成果从试验田走向农田的桥梁。小区试验往往会受到农田小气候的影响，中间试验可以避免这种情况的发生，使得农业科技成果经受住更大的考验。

2. 示范作用

中间试验除了可以进行验证和研究之外，还能扩大对成果的宣传，增加技术应用者对其了解和认识。试验的同时进行示范，给农民鲜明直观的认识。中间试验较示范规模小，可以减少示范时的成本。某种情况下，中间试验取得了非常好的结果，可以取代示范直接进行推广，这就为新技术的应用赢得了时间。

3. 完善作用

在中间试验的过程中，可以发现某项新成果或新技术的优缺点和在当地条件下反应、发生变化以及存在的问题。这些问题可以及时反馈到成果的研究开发单位，以便开展有针对性的研究，使得科研成果得到进一步改进和完善，提高农业科技成果的广适性和推广应用范围。

4. 鉴定作用

不同地区的中间试验可以克服小区试验的某些局限性，特别是通过接近当地生产条件连续几年的中间试验，更能肯定其真实性、准确性、可靠性和适用范围。在开展中间试验过程中，农业技术推广部门可以和科研单位进行有机结合，一方面可以为农业科研单位提供试验场地和检验鉴定成果的场所；另一方面也可以及时将最新的成果予以展示，起到合作“双赢”的效果。

(三)中间试验的实施要求

中间试验的要求同小区试验的要求基本相似。中间试验较特殊的是，相对于小区试验而言，中间试验的处理较少，试验面积较小区试验扩大，试验点数适当增加。中间试验必须有系统的观察和详细的记载，特别注意的是必须仔细观察作物的生长发育时期和特点，掌握各点的不同，不仅要记录试验的最后结果，而且要记载作物生长发育全过程不同阶段的情况表现和优缺点，进行综合评价，并对原设计方案提出修正补充措施，在推广时能够提出更详细和更加切实可行的方案。具体实施要求如下。

1.优选材料

参加中间试验的新技术(新品种)必须是经过了小区试验验证,产量和抗逆性等农艺性状表现较好,筛选之后较为稳定和有良好发展潜力。新技术应该是和当地的农业生产相结合、具有明显和较大推广价值的适应性技术。

2.合理布点

中间试验应根据农业自然条件的差异和项目特点,选择有代表性的地区合理布点。例如,在东北地区布置水稻品种区试点。试验点的具体要求是:

(1)中试地点　中试地点最好安排在农业院校科教基地、农场、综合试验站等单位进行,这里有专业技术人员,有一定的试验条件,能够保障中试顺利有序进行。

(2)试验田条件　试验田(地)宜选择土壤肥力均匀、光照充足、旱涝保收、交通方便、前作相同的田块。

(3)布点数　视新品种或新技术适应的范围而定,少则5～7个,多则13～15个,需连续试验2～3年。

3.设计方案

由中间试验的主持单位制订专门的试验方案和管理办法。承担中间试验的各单位必须按统一的试验方案执行,按照统一的标准和格式提交各项试验材料,不能随意增减项目,保证试验过程的一致性和完整性。

值得注意的是,跨省推广和宣传新品种、新技术时,必须进行中间试验。因为一个优良品种或一项先进技术只有在不同的年份和较多的试验点上都能表现出比对照好,才有利用价值,不能只凭一年一地的试验结果就做结论。

4.资料汇总

中间试验结束后,各试验单位应尽快将试验结果初步整理,写出书面总结,交由主持单位汇总,汇总后形成总结报告。总结报告应该包含以下内容。

(1)前言　说明试验的目的、主要内容及与本课题有关的前人研究状况等。

(2)试验基本情况　试验基本情况包括供试材料、处理内容、参试单位、时间、地点、土壤肥力、小区面积、重复次数、田间排列方式、田间管理措施等。

(3)试验期间的气候条件分析　说明寒潮、低温、干旱、洪涝、大风、冰雹、霜冻等造成的影响,为汇总做出正确判断和结论提供佐证。

(4)试验结果分析　根据试验结果按照产量指标、增产因素、抗逆性、区域差异等进行全面分析。首先进行多点联合方差分析,找出产生差异的主要变异原因,进行具体分析。在联合方差分析的基础上,对品种的丰产性和适应性进行多重比较。根据各点的试验记录和数据确定合适的栽培管理措施,提出针对性强的推广建议和对策。

(5)结论　根据上述内容,结合中试的试验情况,指出该技术或品种是否适宜在当地种植和推广,最好结合试验提出一整套新品种或者新技术的农业技术推广实施方案。

二维码7-1　农业技术推广试验的发展趋势

项目二 农业技术推广示范

示范是农业技术推广程序中一个重要的、必不可少的步骤，也是农业技术推广的一种常用的行之有效的方法。通过示范可以充分有效地展示农业新成果的优越性和农业新技术的操作方法，提高和加深农民对新技术的兴趣和认识，并且能够达到眼见为实的效果，而且现场的示范教学可以使农民更快掌握农业新技术的操作。农业技术推广示范根据示范的内容、性质和目的不同，可以分为成果示范与方法示范两种。

一、成果示范

(一)成果示范的含义

成果示范又称效果示范或结果示范，是指选择当地经过试验已取得成功的某项成果，如新品种、新农药、新化肥、新栽培技术等，选择示范基地进行示范，然后在推广人员的指导下，由示范户在自己承包的土地上进行应用，将其应用过程和取得的效果展示出来，示范给其他农户，引起周围农民的兴趣，鼓励他们效仿的推广方法。由于成果示范可以非常直观地展示成果的经济效益和最终结果，所以这种方法是推广方法中最有效的方法。

一项新成果想要在某地区推广，必须让农民对成果产生兴趣，而且农民是最实际的群体，只有看到现实的结果摆到面前，才会鼓起勇气采用该成果。成果示范就可以起到这种效果，一是可以充分地说明该成果在当地的应用性没有问题，二是可以证明应用该成果后可以取得非常明显的经济效益。农民可以到现场去看去听，然后做出自己的判断和选择。尤其是针对持有怀疑态度的农民，这种方法最为有效。

(二)成果示范的基本原则

1.计划性原则

成果示范要有计划地进行，要制订出示范需要解决的主要问题，预期完成的目标，主要的技术措施，明确要让示范户了解什么、掌握什么、如何去做。

2.可靠性原则

成果示范之前必须经过农业技术推广试验过程，经过检验可靠可用的技术才可以进行示范。不能选择没有经过试验尚属探索阶段的新技术。

3.针对性原则

示范的成果必须针对农民的现实需求，并且和当地的政策一致。最好是针对该地区的某个关键生产问题进行成果示范，这样既可以解决当地的生产问题，又可以激发农民对成果示范的兴趣。

4.综合性原则

示范的成果应该是成熟稳定的成果，并且该成果所需要的各种配套措施和技术要求都要进行综合展示，即全方面地介绍和展示出成果的应用价值和良好前景。简单地评价一个成果好与坏，忽视其他细节问题，往往会“挂一漏万”。

5.代表性原则

成果示范成功的关键在于精心选择示范户和示范点。示范户的选择要考虑其个人威望和社会影响力、农业技术生产水平、知识水平等多种因素。最好选择那些对新技术感兴趣、勇于尝试创新的农民。示范地点的选择要注意交通的便利性和地块的代表性。示范地点和示范户选择的具体条件分别是：

（1）示范地点选择的基本条件　交通方便，有利于组织参观；村边或路旁，有利于平时展示；地块条件要符合成果或技术的要求；地块有代表性，肥力均匀；尽量符合示范布局要求。

（2）示范户选择的基本条件　对新成果和技术感兴趣，愿意示范后首先采用；具备一定科技素质和农业生产技术水平；有一定的影响力和号召力，在群众中有威信；有一定经济实力和其他物质力量；有良好的沟通和合作的能力。

6.辐射性原则

成果示范的最终目的是让农民对成果产生浓厚的兴趣，并最终在农业生产中加以应用。所以，成果示范时应该考虑布点的辐射性。点数过多，成本过高；点数过少，起不到示范带动作用。示范点的布局应该结合地势和地形进行。如果在平原地区，可以选择多点式布局，做到以点带面，遍地开花。如果是在山区，应该考虑示范点和村屯的有机结合。如果条件允许，可以建立一个集中示范区，集中示范区一般由政府统一管理，将所有的成果示范都集中在一个区域，这样做的好处是农民可以集中参观所有的技术示范，节省时间。集中示范的方法也会有些不可避免的问题，如边远村落的农民不方便到达集中区域，影响参观的积极性。

（三）成果示范的步骤

1.制订示范计划

任何一件事情在做之前都要进行计划的制订。成果示范自然也不例外。要想获得成果示范的良好效果必须事前制订周密而细致的计划。

（1）成果示范的计划制订内容　成果示范的计划制订需要完成如下内容：示范的内容，也就是示范的主题和课题名称；示范的时间，即示范的起止时间；示范的地点和规模，即示范选择的地点和准备示范的规模；示范的预期指标，即想要达到的产量或者技术指标。以上内容都需要在示范区设立示范牌，将全部内容公示，以形成醒目的标志引起农民的注意。

（2）成果示范负责人　成果示范要确定明确的负责人，负责人对成果示范进行初步计划，在示范点确定之后，选择试验点的具体负责人，统一试验方案，建立相应的规章制度，必要的时候设置一些奖惩措施。在充分讨论的基础上，形成成果示范计划书，发放给参与项目的人员，保证其遵照执行和实施。

（3）注意事项　制订实施计划时，要特别注意做好以下几点。

①示范设计方案在不影响示范效果的前提下，要尽量简单，以适应农民的科技文化素质水平。

②选好示范户。示范户的确定要符合示范户选择的基本条件。成果示范工作一般应由有经验的农民技术员或科技示范户承担，并要对他们进行技术培训。培训内容包括地点选择、示范设计、观察记载、技术措施等。

③确定示范地点(地块)及布局。示范地点的选择要符合基本条件,特别要考虑示范地块肥力均匀、有代表性、交通方便,同时地块条件必须符合成果的要求。例如,如果示范项目是推广盐碱地水稻高产技术,就应该选择盐碱比较多且盐碱程度有一定代表性的地方进行示范。示范布局要合理,一般根据计划推广面积和地理状况确定。计划推广面积越大,示范点应越多。

④示范的规模要足够大,以获得真实的示范效果。在条件允许的情况下,尽可能地将示范面积扩大,模拟其在推广后大面积生产的实际情况,得出可靠结论。

⑤不同示范点的收支情况要分开记载,示范区的各种调查要认真、准确、有说服力,特别是投入与产出的调查记录要准确。

2.成果示范的实施

(1)设置对照,形成鲜明对比　成果示范的优势之一就是直观形象地说明新技术的优势,所以应该设置对照,使得两者之间形成鲜明的对比。一般是分小区并在相同条件下进行对比,要注意选用地力均匀的土地进行示范。一定要设对照区和立示范牌,并在牌上注明示范题目、内容、方法、时间以及示范单位、负责人和示范户姓名。如新品种对比示范试验,要在新品种的旁边设对照品种。除了品种不一样外,其他栽培措施都应该相同。

(2)加强指导,关注科技示范户　选取科技示范户进行成果示范时,农业技术推广人员要经常去指导,与示范户保持经常的联系,随时随地了解和掌握成果示范的具体情况,及时解决他们遇到的问题。此外,要了解成果示范措施的情况。实施新措施的关键时刻要亲临现场,并给予示范户技术上的指导,使示范户有信心把示范工作做好,并能够防止因技术失误导致成果示范的失败。

(3)系统观察,详细记载过程　成果示范的观察记载一般在推广人员指导下,由示范者进行。每一项新技术的引入只有和当地的农业自然条件进行综合才能发挥其最大功效。示范过程中,要将示范点的作物生长发育过程和具体表现特性记载下来,并公布给农民。过程文件也是非常有说服力的材料,可以协助农民进行全面观察,而不是仅仅对最后的结果进行观察和分析。农民可以根据日常记录,了解品种在当地的表现以及有什么特殊要求。观察记录的内容必须准确,如实说明用种、用肥、用药、用工情况和费用支出等。同时,在必要阶段进行拍照或录像,以便了解成果示范的全过程,并作为成果示范总结的附件材料。

(4)适时观摩,组织农民参观　成果示范实施期间,选择最能反映新成果优越性的时间召开观摩会,组织周围的农民进行考察参观,这是十分重要的。因为这种示范观摩是农民自己学习的极好机会,也是增强示范效果的好方法。

农民参观考察的过程中,农业技术推广人员应该适时地给予讲解,详细阐述该成果的优势和推广意义,并结合试验记录给农民讲解具体的操作方法。讲解过程中,可以发挥科技示范户的二传手作用,以自己的亲身经历进行“现身说法”,给农民以信心和亲近感。组织参观的过程中,可以根据农民的具体表现和感兴趣程度,分别进行指导和讲解,并且对农民提出的疑问和困惑给予解答,增强其采用新技术的信心。

3.成果示范的总结和宣传

(1)成果示范的总结　一项成果示范结束后,应该及时地写出技术总结和成果示范报告。总结要全面真实地反映成果示范的各个环节和步骤。成果示范报告可以包括工作总结和技术总结。工作总结主要包括成果示范的背景、设计、规模、组织形式、取得效果、观摩会召开情况以及农民的参观次数和问题、成果示范的经验与不足等内容。技术总结主要针对成果示范的试验部分进行技术方面的总结和汇总，主要包括产量及其构成、投入产出分析、增产增效指标、关键栽培措施、作物生长发育等情况。必要的时候可以附带照片和视频成果。

二维码 7-2 农业技术推广成果示范的注意事项

(2)成果示范的宣传　农业技术推广人员应在示范总结的基础上，总结出本次成果示范的得与失，为成果的顺利推广和下次示范提供可靠的依据和借鉴。成果示范后，地方政府部门一般会召开总结会议，通过会议的形式进行宣传，为进一步的大面积推广营造良好的政策和收获氛围。总结会议上，一般会对成果示范中的先进个人和组织进行表彰或物质奖励，以激励其工作热情。

二、方法示范

(一)方法示范的概念

方法示范是指农业技术推广工作中，农业技术推广人员利用实际的教学工具，将某些通过语言和文字难以表达清楚的新技术或者新成果，通过实际演示和操作进行现场传授的一种方法。这种方法适用于多种情形，如果树的嫁接、果树的修剪整形、蔬菜的嫁接、人工授粉技术、棉花的整枝、水稻抛秧、农机具的操作、雌雄雏鸡的辨别、食用菌接种等。

农民既是生产者又是家务负担者，还要参与一定的社会活动，这使得他们学习的时间有限，影响其记忆力。因此，在农业技术推广中，只靠文字或口头宣传新知识或新技术，农民很难记住并学会在实践中亲自操作。

方法示范是一种较好的教学方法，它可以在群众面前边讲边操作，并且可以结合农事操作的具体环节，将具体做法一步步通过形体手势语言、实物介绍给农民，一目了然。农民在生产实践中积累了丰富的实践经验，因此，他们对于农业科技知识往往具有较强的理解能力。但是农民的逻辑思维能力较差，所以方法示范可以使得农民动用视觉、听觉、触觉等多种感官进行体验学习，将书本上晦涩的知识用形象化的动作加以表达，达到较好的学习效果。

(二)方法示范的基本原则

1. 时间短，内容精

方法示范内容必须是当地农民最需要解决的问题，且适合当众演示和示范。由于方法示范多数是在田间、地头，教学环境不同于教室，空旷的环境下农民的注意力不易集中，同时农民的注意力集中时间有限，所以，要尽量在短时间内完成；否则，群众反感，效果不佳。同时参加方法示范的人数不宜太多，在示范中要使每个人都看得见，听得清。

2. 操作主，讲解辅

方法示范过程中，农业技术推广人员(示范者)首先要对该方法非常熟悉，这就要求示范者首先做好反复练习；其次要掌握教学的基本规律，将复杂的操作过程进行分解，转化成若干个较简单和容易掌握的步骤；最后是动作与语言相结合，在实际示范和操作过程中、辅以精彩的语言讲解，吸引听众的注意力集中在所讲授的内容上。在示范过程中，要将每个操作展示清楚，不能用语言来代替。

3.农民做，老师教

亲自动手制作和练习是非常好的学习方法。老师（示范者）操作完成之后，鼓励农民亲自动手完成操作，而且要做到熟练、准确。农业技术推广人员可以现场让农民按照自己的演示进行亲身实践，并及时给予指导。对于农民而言，亲身操作不仅可以增强对方法示范的认知和掌握程度，还可以增进与农业技术推广人员之间的交流和认同感，同时可以提高农民的自我意识和自我肯定。所谓实践出真知，只有经过自身的体会和实践，才能很好地掌握新方法和新工艺。农民练习的过程中，要有耐心，尤其是对较难的技术应该让他们重复操作，直到完全掌握为止。

（三）方法示范的步骤

方法示范包括方法示范计划的制订、实施，操作练习与回答问题等步骤。

1.方法示范计划的制订

无论推广人员有多么丰富的经验，每次进行方法示范都要根据示范的目的和内容写出示范计划。计划包括示范目的、示范题材及主要内容、示范所需的材料和用具、示范的程序、示范时间和地点、对观众解答的主要问题、示范过程的总结等。同时示范者要进行反复练习，做好充分准备，因为方法示范的效果主要取决于示范者本身，所以要求示范者不但要对示范题目及内容有充分的了解，而且应学会如何在观众面前讲解和表演，熟练的技术和良好的口才是必不可少的。

2.方法示范的实施

方法示范的实施大体上可分为3个阶段：介绍、示范、小结。

（1）介绍　首先要介绍示范者的姓名和所属单位，并宣布示范题目，说明选择该题目的动机及重要性。要使推广对象对新技术产生兴趣，感到所要示范的题目内容对他很重要并且很实际，能够学会和掌握。

（2）示范　示范者要选择一个较好的操作位置，使每位观众都能看清楚示范动作。操作要慢，要一步一步地交代清楚，做到说明（或解释）和操作同步进行，密切配合。用语要通俗、易懂，使每位观众都能听懂并了解。

（3）小结　将示范中的重点提出来，重复并做出结论，给农民留下深刻的印象。在进行小结时要注意3点：不要再加入新的东西和观念；不要用操作代替结论；要劝导观众效仿采用。

3.操作练习与回答问题

示范结束后，在推广人员的直接帮助下，每个推广对象要亲自操作，对不清楚、不理解或能理解但做不到的事情，推广人员要耐心地重新讲解、重新示范，纠正农民的错误理解和做法，鼓励农民再次操作练习，直到理解并正确操作，达到技术要求为止。同时在活动中要鼓励和允许农民提出问题，并对其提出的问题进行回答。示范者在回答问题时，要抓住重点、清晰扼要。如答复不了，可直接说明原因，切不可胡编或对提问者有不礼貌的答复。

（四）方法示范的优缺点

1.优点

（1）有利于将新技术介绍给农民，农民可以在现场看到、听到、问到、做到，容易启发农民效仿并应用。

(2)通过方法示范可以培养头脑清晰和操作技术较灵活的人才。

(3)方法示范是一种成本较低的方法。

2. 缺点

(1)由于条件限制,只能介绍给一部分农民,不能使更多的农民同时观看到示范。

(2)示范者要有较高的业务素质和丰富的经验,还要有较佳的操作水平和演讲口才。

(3)示范者对示范的内容要进行长时间和反复练习等准备工作,并且示范要成功,操作时间不宜过长,否则会导致农民逆反心理的形成。

模块小结

农业技术推广试验与示范是农业技术推广的基本程序之一,属于农业技术推广技能范畴。计划推广的农业科技成果必须通过农业技术推广试验和示范进行适应性评价和分析。目前,国内有很多先进的乡村振兴战略实施经验和现代农业发展新模式,欠发达地区想要巩固拓展脱贫攻坚成果,就应向发达地区取经和学习。学习的过程中,有时会出现移植的技术不适合当地实际而遭到农民抵制和不支持的情况,这就是没有充分进行农业技术推广试验的结果。农业技术推广试验虽然看似简单,有时会被人看成没有必要,但却是农业技术推广中非常重要的一环。没有农业技术推广试验,任何大面积实施都无从谈起。此外,农业技术推广试验和示范的最终目的是推广新技术,让农民采用新技术,这就要求我们在进行农业技术推广试验和示范之前,首先应了解和掌握农民的实际需求,没有农民的支持和采用,农业技术推广试验和示范就成了“无源之水、无本之木”。

模块巩固

1. 农业技术推广试验的基本要求是什么?
2. 推广试验设计的基本原则有哪些?
3. 中间试验有何作用? 中间试验的实施要求有哪些?
4. 简述成果示范的基本原则和实施步骤。
5. 简述方法示范的基本原则和实施步骤。

模块八
农业技术推广信息与服务

【知识目标】

通过本模块学习，了解信息的含义、种类、采集原则和程序，掌握农业技术推广信息的特性、采集及处理方法；了解农业技术推广信息传播的基本要素，理解农业技术推广信息的传播过程和方式，掌握农业技术推广信息的应用。

【能力目标】

能够通过对信息作用的认识，正确采集农业信息；能够按照农业技术推广的需求正确传播信息；能够应用农业技术推广信息系统。

信息、物质和能源是支撑当今社会发展的三大构成要素。信息区别于另外两种要素的突出特点是共享。信息可以被充分共享而且不损耗其价值。农业技术推广就其本质而言是将新的信息传递、扩散到农民(目标群体)手中的过程。农业技术推广信息服务是农业技术推广的核心内容和基础。

项目一　农业技术推广信息概述

科学界对信息的认识有多种不同的解释，它们都从不同的侧面反映了信息的某些特征。概括起来，信息是对客观世界中各种事物的变化和特征的反映，是客观事物之间的相互作用和联系的表征，是客观事物经过感知或认识后的再现。

一、信息的形态和特性

(一)信息的形态

信息是看不见、摸不着的，只有在通过一定的媒介载体进行传递时才会表现出一定的形态。具体可分为数据信息、文本信息、声音信息、图像信息和多媒体信息。

二维码 8-1　信息的存在形式

(二)信息的特性

(1)价值性　信息的价值在于它的知识性和技术性,无论自然信息还是社会信息,一经生成物化在载体上,就是一种资源,具有采纳性或称为有用性。例如,鸟啼蚁动、雁飞鸡鸣、信号脉冲、声光电磁、人际交流等都在传递着各种有意义、有价值的信息。

(2)时效性　信息是有寿命的,它有一个生命周期,如时效性很强的天气信息、股票信息、市场信息、科学信息。信息是活跃的、不断变化的,及时把握有效的信息将获得信息的最佳价值,而其价值也会随其滞后使用的时差而贬值。

(3)可传递性　信息是在传递过程中发挥作用的,其传递和流通过程是一个重复使用的过程。在这一过程中,信息的占有者不会因传递而失掉信息,也不会因为多次使用而改变信息的自身价值。但其在传递过程中可能会因为媒介或信号干扰出现价值磨损。

(4)依附性　信息必须依附于适当的载体。离开载体,信息的含义和价值则不能传递和发挥。

(5)可塑性　信息可以压缩、扩充和叠加,也可以变换形态。在流通使用过程中,经过综合分析和再加工,原始一次信息可以变成二次信息和三次信息,原有的信息价值也可实现增值。

(6)贬值和污染　信息在传递、流通或转换过程中,有可能变形和失真,这是信息贬值的原因。信息污染则是由信息量呈指数增加、信息质量低下或信息在传播过程的各种干扰和破坏引起的。

二、农业技术推广信息的种类和作用

(一)农业技术推广信息的种类

1. 自然信息

(1)农业资源信息　包括各种农业自然资源(如土地、湿地、山林、草地、水利、气候、生物资源以及积温、日照,降水量等)、农业经济资源(如农业人口和劳动力的数量和质量、收入、购买力等)以及农业区划等方面的信息。

(2)农业自然灾害信息　包括气象灾害、海洋灾害、洪水灾害、地质灾害、森林灾害、农作物灾害和畜禽疫病等方面的信息,农业灾害预警系统的减灾和防灾信息等。

2. 社会信息

(1)农业政策信息　包括各种与农业生产和农民生活直接或间接相关的国家和地方性法律、法规、政策等。如农村经济体制、农村财税体制、农产品购销体制、农业发展扶持政策、实施乡村振兴政策等。

(2)农业科技信息　包括农业科研新进展、新成果、新技术、新工艺、新生产经验、新方法、试验示范效果等科学技术方面的信息。

(3)农业生产信息　包括生产计划、产业结构、作物布局、生产条件、生产现状、作物长势以及产前、产中、产后的各种情况等农情方面的信息。

(4)农业教育信息　包括各层次的农业学历教育、培训班、技术培训的时间、地点、方法、手段、内容、效果等。

(5)农产品市场信息　包括农产品价格、贮运加工、购销、对外贸易、生产资料供求等方面的信息。

(6)农业经济信息　包括经营动态、农业收支、市场预测、农民生活水平状况等方面的信息。

(7)农业人才信息　包括农业科研、教育、推广专家的技术专长，农村科技示范户、生产专业户、农民企业家的基本情况。

(8)农业技术推广管理信息　包括农业技术推广队伍状况、组织建设、人员结构、经营服务、推广工作的经验及成果等。

(二)农业技术推广信息的作用

1. 农业技术推广信息是引起农民行为改变的诱因

农民的行为改变过程，就是信息的捕捉、传递、利用和反馈的过程。如此不断往复，使农民的思想不断解放，观念不断更新，技能不断提高。可以说信息是农民行为改变的基础。

2. 农业技术推广信息是农业生产经营决策的依据

就决策本身而言，决策过程是个信息分析过程。没有充足的信息或缺乏可靠的信息，农业生产经营决策就失去了经营决策基础。

3. 农业技术推广信息是农村商品生产的命脉

农业技术推广信息贯穿农村生产的各个环节。市场经济体制下，农民对商品信息的需求越来越迫切。产前需要消费变化、市场预测、生产资料供应等方面的信息；产中需要新技术、新工艺等信息；产后需要市场行情、农产品供求信息。

4. 农业技术推广信息在农业各部门间可以起到联系纽带的作用

农业各部门之间的联系，主要是通过信息的交流和沟通实现的，特别是我国农业科研、农业教育、农业技术推广关系隶属不同，在农业“产、供、销”还没有实现一体化的条件下，加强信息的交流与沟通，是提高工作效率的有效方法。

三、农业技术推广信息的特性

1. 时效性

农业技术推广信息的时效性包括内容的时效性与传递过程的时效性。

(1)内容的时效性　内容的时效性是指农业信息对于特定的使用者来说，只在特定的时间内有效。如一项新的农业技术信息的运用可能会带来很高的利润，但随着时间的推移，更先进的农业技术出现，原有的技术就会变得毫无价值。

(2)传递过程的时效性　传递过程的时效性是指信息在传递过程中具有时间成本，传递时间越长，时间成本越大。

2. 易扩散性

农业技术推广信息的易扩散性是指个人一旦拥有了某些信息，他不可能无偿占有，信息往往在生产和生活中被无成本地传播和学习。

3. 地域性

大多数农业技术推广信息与地理位置有关,包括地形、地质、土壤、气候等诸多方面。正是由于地域上的差异,在推广工作中需要按照试验、示范再推广的程序,因地制宜地向农业生产经营者提供农业地域信息,切忌照搬照抄外地的经验,以免造成严重后果和重大损失。

4. 系统性

农业、农村和农民是“三位一体”的整体,农业生产是农业生物、环境、经济、技术和人的劳动等构成的一个系统。在收集和应用农业信息时,应十分重视农业信息的系统性,保证信息全面、准确,以免顾此失彼。

5. 综合性

农业技术推广信息涉及面广,土、水、肥、山林、湿地、草原、气象、物候、病虫害、产供销等无所不包,是多种信息的综合体,涉及农业、水利、化工、气象、物流等多个学科,具有很强的综合性。

项目二 农业技术推广信息的采集与处理

信息采集是指为了更好地掌握和应用信息,而对其进行的聚合和集中。信息处理是指把收集来的大量原始信息进行筛选、鉴别、分类、加工和存储,使之成为二次信息的活动。

一、农业技术推广信息的采集

(一)采集原则

1. 主动、及时原则

信息采集工作只有主动才能及时发现、及时捕捉和获取各类信息。所谓及时,是指所采集到的信息能够反映出当前社会活动的现状,也包括别人未发现和使用过的独具特色的信息,以及能及时准确地反映事物个性的信息。

2. 真实、可靠原则

信息采集必须坚持调查研究,通过比较、鉴别,采集真实、可靠、准确的信息,切忌把个别当作普遍,将局部视为全局,要实事求是,善于去粗取精、去伪存真、由表及里、深入细致地了解各种信息源的信息含量、实用价值和可靠程度。

3. 针对需求原则

信息采集要针对本单位、本地区的发展方向、发展任务和服务对象的需要,有重点、有选择地采集利用价值大的、符合单位用户需求的信息。只有这样才能既满足用户需要,又可以提高信息工作的投入产出效益。为此,信息采集人员对本单位的内外环境和发展战略首先要有明确的了解,才会有明确的采集目的和对象,大力开辟采集渠道,获得具有较强针对性的信息。

4. 全面系统原则

全面系统是指时间上的连续性和空间上的广泛性,尽可能全面地采集符合本单位、本地区需求的信息。有针对性、有重点地采集是在全面系统地采集的基础上进行的，只有以此为前提，才能有所侧重、有所选择。

5. 计划性原则

采集信息既要满足当前需要，又要照顾未来发展；既要广辟信息来源，又要持之以恒、日积月累。信息的采集并不是随机的，而是根据本单位的任务、经费等情况制订的比较周密的采集计划和规章制度。

6. 预见性原则

信息采集人员要掌握社会、经济和科学技术的发展动态，采集的信息既要着眼于现实要求，又要有一定的超前性，要善于抓苗头、抓动向，采集那些对未来发展有预见性的信息。

（二）采集程序

1. 确定采集目标

（1）确定信息服务的对象　服务对象不同，需要的信息内容也就不同，国家级、省级农业技术推广部门，对各类农业技术推广信息都需要收集。对县级农业技术推广部门来说，收集农业科技信息为本地区服务是主要的。对农业技术推广人员来说，只有广泛收集与本专业有关的技术信息、市场信息、生产信息、科教信息、人才信息等，才能有效地开展工作。而农民则更多地需要提高生活水平和生活质量的信息。

（2）确定收集信息的内容　应根据不同服务对象的需要，收集各类农业技术推广信息。如农民想办一个企业，就需要收集有关意向产品、销售渠道、市场行情、竞争对手等方面的信息；农民想使水稻增产增收，就需要收集水稻良种与高效低成本的栽培技术等信息。

（3）确定收集信息的范围　如一个县级农业技术中心以种植业科技成果为信息收集的内容，这个范围就太大。一是种植业中作物多；二是本身区域大，生态特点有差异；三是种植业科技成果使用时间有限。这就需要框定范围，如平原地区可立足稻、麦、棉三大作物，选择平原地区适用的，近 5 年研究出的成果。

（4）确定收集信息的量　收集信息量的多少与收集信息的人数、时间、费用有关。比如，我们需要水稻新品种，只要与邻近的省、市或县的 2～3 家教育、科研和种子公司取得联系也许就可以办到，或者通过种子市场信息就可以了解到，引进 20～30 个品种观察就可以了。

2. 制订采集计划

采集计划是采集方针在一段时间内的具体实施方案。采集计划不但给采集人员规定了具体目标，而且还提出了遇到问题时的解决方法。计划可分为年度计划、季度计划和月计划。

3. 采集工作实施

采集工作是一项长期的、连续不断的工作。整个过程包括组织性工作和事务处理工作。采集财力的调配，离不开外部广泛的联络。采集人员必须具备很强的公共关系能力和细致处理事务、财务的能力。

4. 反馈用户信息

信息采集、积累不是目的，它的根本目的是提供给用户利用。信息到手并不表示采集过程的完结，而应收集用户反馈意见，改进采集系统，以便进一步提高信息采集工作的质量和效益。

(三)采集方法

1. 定向采集与定题采集

(1)定向采集　定向采集是指在采集计划范围内,对特定的信息尽可能全面、系统地采集,其目的是被用户近期、中期、长期利用。

(2)定题采集　定题采集是根据用户指定的范围或需求,有针对性地进行采集工作,在一定意义上属于定题服务范畴。

定向采集与定题采集在实践中常常同时兼用,以达到优势互补。

2. 单向采集与多向采集

(1)单向采集　单向采集是指针对特定用户需求,只通过一条渠道,对一个信息源进行采集,针对性强。

(2)多向采集　多向采集是指针对特殊用户的特殊要求,广泛、多渠道地进行采集,这种方法成功率较高,但容易相互重复。

3. 主动采集与跟踪采集

(1)主动采集　主动采集是指针对需求或根据采集人员的预测,事先发挥主观能动性,赶在用户提出要求之前即着手采集工作。例如,在病虫害发生之前收集有关越冬基数,以及对病虫害发生的气象条件的预测,提前发出预报。

(2)跟踪采集　跟踪采集是指对有关信息源进行动态监视和跟踪,这对深入研究跟踪对象有好处。例如,引进一项新成果、新技术,要对成果在当地的适应性,以及社会效益、经济效益、生态效益进行跟踪调查。

(四)农业信息的来源

1. 农业科技图书

在农业科技情报中,品种最多、数量最大的出版物是农业科技图书。图书的内容成熟、系统完整,从中可以得到历史的、全面的知识,具有一定的情报价值。如农业科技专著、农业实用技术图书、农业科教书、农业工具书等。但缺点是信息较滞后。

2. 农业科技期刊

农业科技期刊是指定期或不定期的连续出版物,能及时报道最新的农业科学研究成果和农业新技术、新方法、新理论。它是记录农业科技工作者从事农业生产和农业科学试验成果的一种形式,是农业科技文献的主要类型。它有公开发行和内部发行两种形式,对农业技术推广机构来说,尤以报道性、消息性及科普性期刊更为实用,如《农村科技开发》《农村经济与科技》杂志等。

3. 内部资料

内部资料多由农业农村主管部门、科研单位、农业院校及各级农业情报部门编印,含有大量宝贵情报信息,一般在公开出版物上不易找到,所以要特别重视。主要包括以下几种:

(1)农业科学技术研究报告　这些报告由科技主管部门组织审查鉴定后上报,因此比较成熟可靠,具有较高的情报价值和推广应用价值。

(2)农业科技成果汇编或选编　由各级农业科技主管部门对本部门、本地区、本系统一年或数年的科研成果经过审定、选择后出版,汇编中每一项有简介说明或有附图,可以起到提供线索的作用。

(3)农业科技会议资料　这是由农业专业技术会议,学术团体例会、年会,科技攻关会、研讨会、经验交流会等印发的资料,主要是与会者提交的学术论文、调查报告、试验报告、情况汇报等。会议资料是了解国内农业科技水平和动态的重要情报来源,如《21 世纪国际会议论文集》。

(4)国内外研究水平动向综述　针对我国当前农业科技水平,介绍和评论国外某个专业领域的研究技术发展现状、动向的资料,如《农牧情报研究》。

(5)出国参观考察报告。

(6)外籍学者来华讲座。

4. 农业技术标准资料

这是对农产品、原材料、设备仪器的质量、规格、计量单位、操作规程、技术规范、检验方法等制订的技术规定,有一定的法律约束力,如《作物模式化栽培技术标准》。

5. 农业技术档案资料

这类资料如科研规划、计划、技术方案、任务书、协议书、技术指标、审批文件、图表、试验原始记录等。

6. 农业和农用生产资料样品说明书

此类信息大多出现在农业成果展览会、展销会、科技交易会技术市场上。产品配以说明,具有较强的直观性,其技术可靠,文字简明扼要,是重要的信息来源,如各种作物新品种、新农药、农业机械说明等。

7. 专利文献

专利文献包括专利申请书、说明书、文摘、分类、索引、刊物等。专利文献具有以下特点。

(1)权威性　它是记载新技术、新创造、新产品的权威出版物。

(2)快速性　公布发表内容比一般出版物快。

(3)详尽性　技术内容详尽、具体、可靠。

(4)完整性。

(5)多样性　种类繁多,图文并茂。

二维码 8-2　信息的采集渠道

二、农业技术推广信息的处理

(一)信息的筛选与鉴别

一般来说,我们收集的信息是没有经过加工的原始信息,其中难免有些信息不符合我们的需要,甚至是伪信息,这就需要对收集的信息进行筛选和鉴别。

1. 信息筛选

只有对收集到的信息进行筛选,才能使信息利用工作有良好的开端。筛选应抓住“重、切、新、评"4个点。

(1)重　即查重,剔除不必要的重复,这是筛选的第一道工序,也是最简单的筛选方法。

(2)切　即切题,将切题的信息资料留下来,不切题的剔除。这需要认真研究课题的核心,按信息接近核心的程度排序,使信息资料紧紧围绕核心。

(3)新　即新颖,逐一阅读信息资料,将时间近、观点新的留下,陈旧的舍去。

(4)评　即价值评估,对经过上述筛选后的信息资料进行价值分析与评估,价值高的存留,价值不大的放弃。

2.信息鉴别

从各种渠道获得的信息,往往真假混杂,有用与无用交错,所以要求推广人员有对信息进行鉴别的能力。这里所说的鉴别是指信息本身的真假鉴别、信息内容可靠度的鉴别及适用性鉴别。信息鉴别的程序一般是先辨其真假,再分析其价值。

3.信息筛选和鉴别的方法

(1)感官判断法　感官判断法是指在浏览原始信息过程中依靠自己的学识,凭直觉判断信息的真伪及可信度的方法。优点是简单易行、费用低廉、节约时间。缺点是对某些信息难以作出准确判断。

(2)比较分析法　比较分析法是指信息加工人员在筛选和鉴别信息过程中,采用前后信息、左右信息、不同渠道收集的同一信息的对比分析,以确定信息的真伪和可信度。这种方法较感官判断法费事,但准确性较高。

(3)集体讨论法　集体讨论法是指将一些个人无法下结论的信息采用集体会诊的方法确定取舍。这种方法由于发挥了集体的智慧使信息的准确性提高。

(4)专家裁决法　专家裁决法是指将一些一时无法确定取舍的信息交由专家裁决的方法。这种方法的科学性依专家的个人素质而定。

(5)数学核算法　数学核算法是指对原始信息有疑虑,而由信息加工人员重新予以核算的加工方法。这种方法可以及时纠正那些因信息收集计算错误、笔误或传递过程中失误造成的信息失真现象。

(6)现场核实法　现场核实法是指对有疑虑的信息,责成信息收集人员或加工人员深入现场核实真伪的方法。这种方法准确性较高,但费时费力。

(二)信息分类

信息分类应先确定采用哪种方法,然后按一定的要求分拣堆积,再进行排序。有以下几种方法。

1.地区分类法

地区分类法是指根据地区的不同而进行的信息划分方法,可以分层次实施。

第一层,可以先把信息分成国内信息和国外信息。国内信息再以各个省、自治区、直辖市为单位分类。国外信息按洲分类。

第二层,国内信息在各个省的基础上,以城市为单位分为若干类;国外信息又可以在洲的基础上按各个国家为单位分为若干类。

第三层,国内信息在各个城市划分的基础上,又能以区、镇为单位再进一步划分;国外信息在各个国家划分的基础上,再以各个城市为单位进一步划分。

2. 时间分类法

时间分类法是指依据时间顺序划分信息的方法,也可以分层次进行。先把信息按年份分为若干大类,再按月份把一年的信息划分为 12 个类别,最后按天把每月的信息再分为 31 个小类。

3. 内容分类法

内容分类法是指按信息内容划分信息类别的方法,具体如下。

第一层次:农业经济政策信息、农业资源信息、农业科技信息、农业教育信息、农业技术推广管理信息、农业市场信息、农业人才信息。

第二层次:农业基础研究信息、农业应用研究信息、农业技术推广研究信息、农业科技成果信息。

4. 主题分类法

主题分类法是指以主题词划分信息类别的一种方法。主题分类法的类别很多,如水稻信息、棉花信息、农产品加工信息、农作物种子信息、化肥信息等。

5. 综合分类法

综合分类法是指以时间、地点、内容、主题为依据综合划分信息的方法。具体有:时间—地区法、地区—时间法、内容—时间—地区法、地区—时间—内容法、地区—内容—时间法、时间—地区—内容法、时间—内容—地区法。

上述信息分类通常用于具有普遍意义或普及推广的信息,有时还分别用于当前工作意义重大的信息和实效性很强的且与农民生产、生活密切相关的信息。有的还可以按学科专业分类或按工作系统分类。

(三)信息加工

信息加工是根据不同目的和用途对原始信息进行浓缩、改写和计算分析的活动。

1. 浓缩

浓缩就是降低原始信息中“多余的成分”,提高密集度和有效性。如内容提要、文摘都是浓缩的结果。

2. 改写

改写就是把原始信息进行改写和重写,使之成为利于人们使用和传递的信息。例如,把学术性论文改写成科普小品文,把有关报告、讲话改写成综合资料等。

浓缩、改写都必须忠实原来的内容,正确地反映事务本来的面目,把原始信息所蕴含的有价值的东西挖掘出来。切不可随心所欲地断章取义、各取所需,也不可想当然地添加内容、观点或“拔高”,影响信息的真实性。

3. 计算分析

计算分析就是对一些零乱的数字信息,采用选定的方法进行计算,以期得到最新的信息,用于分析归纳。常有以下几种方法。

(1)统计法　就是将某种同质事物作为一个综合体,从总体数量方面来表现事物运动的规模、水平、发展速度、各种比例关系和数量关系，从中获取更加具体、准确的数值化的信息，借以显示事物运动的性质、趋势、规律，指导实践活动的开展。这是信息计算分析的常用方法。统计法又分成总量指标法、相对指标法、平均指标法。

(2)会计法　指采用会计通用的方法来换算和分析信息。

(3)文字信息研究法　常用的有汇集法、归纳法、连横法、推理法。

(四)信息存储

1. 信息存储的形态

信息是个抽象的东西，它必须依附在载体上才能表现出来。信息载体是信息存储的物质基础。依据信息载体产生的次序划分，信息存储形态可分为：初始信息存储形态、中间信息存储形态和终止信息存储形态。如大脑、语言等可视为初始信息存储形态，文字、书籍、书刊等可视为中间信息存储形态，计算机的内外存储器存储可视为终止信息存储形态。

信息载体的形态还可以划分为静态信息载体存储形态和动态信息载体存储形态。例如，书籍、磁带、磁盘、录像带等是静态信息载体存储形态，声波、光波、电波等是动态信息载体存储形态。

2. 信息存储技术

(1)文字纸张存储技术　文字纸张存储技术是一种传统的存储技术，从古至今一直被人们所掌握和运用。随着信息时代的到来，这种传统的文字纸张存储技术受到了前所未有的挑战。

(2)缩微存储技术　缩微存储技术是一种专门利用光电摄录装置，把以纸张为信息载体的各种文献资料、图书杂志进行高密度缩小微化的技术。使用微化技术把原件摄录在新的载体上，其所获得的摄录有原件信息的载体，被称为缩微品。这种方法叫缩微化。缩微技术一般有两种：照相缩微存储技术和全信息缩微存储技术。

(3)声像存储技术　声像存储技术是将信息通过录音或录像记录存储的过程。它包括“声”(即录音)和“像”(即录像)两部分。

(4)光盘存储技术　光盘存储技术是通过光学的方法读出、写入数据的一门存储技术，使用的是激光光源。光盘具有超缩微胶片那样的存储密度，又有像磁盘那样可以随机存储的功能，而且还具有像印刷书本那样便于复印的特点。所以，光盘被人们广泛使用。

(5)电子计算机存储技术　电子计算机存储技术是指用电子计算机的内外存储器存储信息的技术。

项目三　农业技术推广信息的传播

一、农业技术推广信息传播的基本要素

1. 信息源

信息是传播活动中的具体内容，没有信息就没有传播。信息必须以一定的载体形式存在才可以传播。因此，在一定意义上，可以说信息存在的载体形式即为信息源。信息源可以是讲

课、实物，也可以是文献。如信息来自一份文献，则接受者可以视文献为信息源。但在有些场合，由于信息源和传播媒介融为一体，也可以把传播媒介看成信息源，如广播电视、信息发布会等。

2. 传播者

传播者是信息行为发生的主体。这意味着一方面，信息的传播始于传播者；另一方面，信息传播的内容、对象等也取决于传播者。由于信息传播者对信息的传播有选择和控制权，因此，信息传播者在信息传播活动中发挥着“守门人”的作用。另外在许多场合，信息传播者在信息传播中还充当信息源和接受者之间的中介角色，使信息源和接受者之间能进行有效地联系。

3. 传播媒介

传播媒介是指信息传播的通道，又称传播媒体、传播渠道等。人类社会信息的传播从原始的媒介到电子媒介经历了漫长的过程。传播媒介的变化和进步使信息传播的速度越来越快，传播的信息量越来越大，使人类的感官不断扩大和延伸，并且改变了人类的工作方式、生活方式和思维方式，推动了社会的进步。

根据传播的方式和特征，传播媒介分为若干类别，其基本分类如表 8-1 所示，根据传播媒介的特征，可将表中的分类项目进行不同的组合。例如，A 和 B 的组合可以是有声读物；A 和 D 的结合可以是有声静止图像，则可以是电话或其他形式；A 和 C 的组合可以是机读有声产品，如磁带、光盘唱片等；B 和 D 则可以是带有图片的文本；B 和 C 可以是机读文本；A、B 和 D 可以是有声的幻灯片；A、B、C、D、E 为多媒体媒介。组合越多，媒介制造技术越复杂。

表 8-1　传播媒体的分类

语言			图像	
A. 声音	B. 文本	C. 机读	D. 静止的	E. 运动的
会话	收稿	模拟信号	图纸	电影
演讲	印刷品	数字编码信号	图画	电视
电话	复印件	电子图片	照片	录像
广播	传真件	印刷品		
录音				

4. 受传者

受传者是信息传播的对象，也是信息的用户，因此也可以被称为接受者或用户。在信息传播过程中，受传者是主动的信息接受者和参与者，也是信息传播的出发点和最终目标，一切信息传播活动都应围绕受传者而组织。这是因为，信息传播只有符合受传者的需要才能被受传者接受和使用；信息传播只有通过受传者的使用才能表现其价值。因此，信息传播的内容、方式等只有与用户的职业、水平、心理、目的等各项因素相匹配才有使用意义。

二、农业技术推广信息的传播过程和方式

(一)非正式信息的传播过程和方式

非正式信息的传播过程主要是指信息创造者与信息接受者双方共同完成的信息传播过

程，又称为直接信息传播过程，主要有以下方式：面对面的直接对话、社交活动、会议交流、内部集会、参观访问、演讲会、信息发布会等。这些方式都有一个共同特征，即交流活动都带有自发的个体性质，具有极大的灵活性。

1. 非正式信息传播过程的优点

(1)选择性和针对性强　由于是直接信息传播，接受者了解传播者掌握的信息内容，而传播者也明确接受者的信息需求，双方有明确的针对性、目的性和选择性。

(2)反馈速度快　非正式的信息传播过程往往是双向交流，双方可同时是信息创造者又是信息接受者，对任何问题均可立即询问，得到明确和证实，并可根据对方的真正信息需求不断调整传播内容。

(3)表达充分，易于理解　在直接传播过程中，信息创造者可以选择最适合的方式来表达有关的信息内容，使所传播的信息更易被接受者理解。

2. 非正式信息传播过程的缺点

(1)传播范围小　由于是直接信息传播，只有少数人才有机会介入，因此信息传播的范围非常有限。

(2)不易累积　在非正式信息传播过程中，语言往往是传播信息的主要媒介，没有正式载体记录，只能依靠头脑记忆，无法积累。

(3)无法核实　直接信息传播往往是一对一的个别信息传播，因此传播信息的可靠性、真实性往往无法核实。

(二)正式信息的传播过程和方式

正式信息的传播过程按信息传播的接受者划分，有如下 4 种传播方式。

1. 多向主动信息传播

即信息传播者向广大的、不确定的信息接受者主动提供自己选定的信息。这种类型的传播中最重要的有。

(1)信息报道、广播、电视等大众传播媒介。

(2)图书、杂志等出版物。

(3)信息发布会、展览会、信息市场等。

2. 单向主动信息传播

即信息传播者向事先确定的接受者主动提供自己选定的信息。其主要形式有：信息中心或基层信息机构向特定用户提供各种服务，如向特定人员提供的情况通报、简报、定题信息服务(SDI)、跟踪服务等。

3. 多向被动信息传播

这类信息传播事先并没有确定的接受者，它是面向整个社会或一定范围的广大用户，并且信息传播是被动的，接受者根据自己的需求选择信息，传播者通过辅助性服务向接受者传播信息。其主要形式有：图书馆或资料馆的阅览服务、复印服务及数据库检索服务等。

4. 单向被动信息传播

它是面向个别特定接受者，并根据他们的具体要求提供信息的一种服务。专题调研报告、咨询服务、应企业要求而做的可行性研究、市场预测等均属于这一类信息传播。信息机构根据用户的咨询提问，向用户提供所需信息从而完成信息传播服务。

以上 4 种传播方式中，多向主动信息传播是最主要的传播方式，单向主动信息传播则是对接受者最理想的传播方式，多向被动信息传播对接受者是最有效的信息传播方式，而单向被动信息传播对接受者则是满足信息需求的可靠方式。

项目四　农业技术推广信息的应用

信息只有得到有效应用之后，才能成为一种有用的资源。农业技术推广工作在很大程度上是信息应用的过程。市场经济条件下，农民对信息的需求超过对技术成果的需求，因此要不断加强农业技术推广信息网络建设，提高信息应用能力。

一、建设农业技术推广信息网络服务系统

（一）纵向系统

1. 国家信息中心

为国家经济建设提供信息服务、经济预测、经济分析和研究等。

2. 农业农村部、国家农业科学数据中心

为部领导、专家和领导决策提供信息服务，同时收集全国范围的农业技术信息并提供信息服务。

3. 省、自治区、直辖市农业信息中心

为地方政府提供农业信息服务，并对各有关农业的专业部门（如农业科学院、农业技术推广站、农业大专院校等）信息系统提供支持。

4. 县和地（市）级农业信息中心

为收集和开发本县、市的农业信息资源，并提供信息交流和服务。

5. 乡镇农技服务站

乡镇农技服务站是基层科技事业单位，是乡镇政府领导下的综合性技术经营服务实体。接受县农技推广中心的直接领导，其农业技能信息的收集与服务交流主要由信息员承担。

（二）横向系统

农业技术推广工作是一项复杂的社会工程，单靠推广机构完成推广任务是非常困难的。因此，专门的农业技术推广机构必须与社会上其他与农业技术推广有关的机构或部门之间加强横向信息交流和联系，形成强大的农业技术推广横向网络，达到纵向畅通、横向配合，形成四通八达的信息网络。

1. 科学技术管理部门

国家、省、地（市）县的科学技术管理部门负责农业的科研项目以及成果的鉴定与评审工作

等，是农业信息的重要源泉。加强与主管科研项目的各级科学技术管理部门的协作，对于农业技术推广工作是十分必要的。

2. 农业科研部门

农业科研部门是一支重要的科技力量，是科技成果和技术的主要研发机构。因此，必须加强同它们的横向联系。

3. 农业院校

农业院校同样需要面向农村，实行“教学、科研、推广”结合，更好地为农业现代化服务。因此，加强农业技术推广机构同农业院校的横向沟通，是双方的共同需要。农业院校一般采用下列形式参与农业技术推广工作。

(1)建立试验、示范基地，一方面推广农业技术，另一方面作为学生实习场所。

(2)建立农业技术服务联络点。

(3)进行技术培训和科普宣传。

(4)搞技术承包、技术转让、有偿服务、展览交易，以及组织顾问团进行巡回指导和技术咨询等。

4. 其他部门或机构

(1)先进生产单位，也是典型示范单位，值得农民效仿和学习。

(2)支农行业，推广机构需要和支农行业密切配合。

(3)地方社会团体和有关人士，与学会、协会、文教等地方团体以及企业家、劳动模范等知名人士良好协作，利用他们的社会地位和声望，可有利于农业技术推广工作。

二维码 8-3 提升农业技术推广信息服务效果的途径

5. 公共信息部门

各级各类图书馆、文化馆、宣传部门所拥有的信息资源非常丰富，要充分利用这些资源。同时借助他们的力量进行舆论动员、信息传递工作。

在农业信息网络建设中，要突出强调县级信息网络建设，最大限度地为农民用户服务。县级职业中学要加强横向信息沟通，并成为农民获得信息的主要途径。

二、注重农业技术推广信息的服务实效

1. 多维服务

政策、经济、科技、市场、价格以及乡情民意信息，不仅是各级领导做决策的需要，也是各类经济组织、科技单位以及农民家庭经营的迫切需要。它不仅是农业部门本身的需要，也是各地区、各部门经济协调发展的需要。因此在农业信息服务对象上，应由定向服务转向多维服务。

2. 特色服务

农业包含种植、养殖、农产品加工等多种行业，所涉及的学科多种多样，所以提供信息服务也应因地制宜，切忌一般化。要找准位置，认清目标，发挥优势，搞出特色。要反对大而全或小而全的做法，把过去一般化服务提高到具有本部门、本专业信息个性的特色服务上来。

3. 开放服务

市场经济的一个明显特征就是它的开放性。在市场经济条件下，信息是资源，是财富。为了适应新体制的需要，加强对农业、农民、农村服务，就要迅速改变过去各自分割、封闭的状态，加强信息交流，尽可能向基层开放，向农民开放，向全社会开放。

4. 高效、高质服务

目前农业信息最大的弱点是：资源少、传递慢、效率低。然而信息服务的基本要求是快速、高效。要做到高质量服务，就要加速信息传递和自动化建设，从而使农业信息在市场经济体制条件下发挥更大的作用。

质量是信息的生命。衡量信息质量的标准包括以下几点。

(1)用户是否有需求，也就是目的性。

(2)时效性，也就是能否提供及时准确的信息，做到雪中送炭。

(3)指导性，就是看它能不能帮助有关部门对解决农业发展中的重大问题做出科学决策，看它能不能促进党和政府有关农业方面政策的落实、改进和完善，看它能不能推动基层解决农业生产中的实际问题和困难，看它能不能帮助生产者进行正确的经营决策和提高经营效益。

三、提高农业技术推广人员的信息能力

所谓信息能力，是指一个人收集、传递、利用信息指导实践的本领和技能。信息能力，应包括以下几方面的内容。

1. 信息收集能力

由于每个人的感知、识别、分析能力不同，在收集信息的数量和质量上也不同。同样从事技术开发管理工作，到同一农村去观察，有的能收集到各种信息点、有的却收效甚微，这就是信息收集能力的差别。一个好的管理者，能熟练通过各种渠道、方式，从各种角度获得信息，知己知彼，运用自如。

2. 识别信息能力

信息充满了人类社会，如何识别它，是选择、利用信息的基础。按信息职能划分可分为：

(1)计划信息　它属于国家下达的任务、方针、政策，具有纲领性作用。还有来自各行业、部门之间的发展规划、科研发展方向等信息，此信息有助于各层管理人员制订出符合本单位实际的决策，这种既具有原则又具体的信息，称为控制信息。

(2)作业信息　与管理者、执行者、使用者日常活动关系密切的是作业信息，如学科信息(指有关学科领域的重大发现、新理论、新动向)、技术信息(指的是技术改革、技术原理、技术水平、应用条件、范围)等，识别这种信息的目的是为科研选题提供依据。

(3)市场信息　为了把科研搞活，必须具备认识和分清市场各种需求及用户心理活动的能力，并要具备操作、会亲自动手搞产品开发的能力，才能加速科研成果的商品化。注意提高对信息的识别能力，正确比较、评价、处理信息，以求在科技活动中更好地指导工作，取得最大的效果。

3. 信息选择能力

无论是企业、行政、科研、管理部门，还是农业技术推广部门，都必须对所获得的信息进行

充分选择，因为，当今科技信息的特点是数量大、交叉广、涉及面宽。面对如此庞大的信息资源，不注意准确取舍，反而容易被困扰，影响工作。我们必须具有去杂去劣、精于选择的本领。

4. 信息利用能力

信息再多，不去利用等于没有。无论科研或开发推广到哪一阶段，都要有意识地利用信息，尽可能地吸收他人、前人的优秀成果，从中受到启发，获得灵感，进而再创造。信息利用与识别信息的准确率和实施条件关系密切。

5. 管理信息能力

农业技术推广机构既是信息来源又是信息吸收器。每天都有大量信息，有的不可能马上用上，有的则是无用信息。加强对信息管理，兼收并蓄，非常重要，尤其是要不断地对信息进行检测、提炼、整理、分类、编制索引等工作，使信息的储存、提取处在动态最优化的管理状态。

四、信息能力的培养

1. 要自觉地树立信息意识

只有从思想上认识到信息的重要性，才能自觉地树立信息意识。有了这种意识，即使处于繁忙中，也能够耐心集中地将信息摘抄在工作本或卡片上，建立个人“信息库”，从而提高自己的信息感受力。一个人是如此，一个单位也是如此。优秀的推广者，能运筹帷幄，抓准需求，迅速推广；而平庸的推广者，则屡失良机，处处被动，成效甚微。究其原因是多方面的，但信息意识淡化是重要的原因之一。

2. 充分利用各种渠道收集信息

在日常工作中，我们要注意从如下渠道收集信息：报纸、杂志、领导讲话、有关政策法规、广播电视新闻、科技展会、学术研讨会等。收集的方法可采取订购资料、交流资料、现场调查、函索收集等形式。

3. 分析信息，及时使用信息

在我们收集到大量信息中，有许多有意义的内容并不是显性的，不是很容易被发现的。只有通过对信息进行理解和分析后，才能从中读取到这些更为重要、更加深层次的内容。读取其中隐含的、有意义的价值后，将其应用到生产实际中，提高农业生产水平。

4. 注意改善有利于发挥信息能力的环境条件

信息能力不是孤立产生与提高的。比如人们的业务技能、交际能力、知识水平等方面会影响每个人信息能力的提高。同时，一个人信息能力的发挥程度由多种因素制约，如语言表达能力、写作水平、分析问题能力等。要充分发挥人们的信息能力，除成果自身过硬外，还要注意不断地改善外部环境和条件(如修建灌溉设施、保温设施等)，制订鼓励政策，创造出有利于信息能力发挥的宽松氛围。

模块小结

农业技术推广信息服务是农业技术推广工作的核心内容，信息技术是当今世界高新技术的代表，农业技术推广工作要取得更大的发展和进步，必须和高新技术紧密结合，其中信息技术必不可少，农业技术推广信息服务的发展随着信息技术的不断进步而发展，计算机和互联网的广泛应用为农业信息服务带来了无限生机。不久的将来，如何将农民吸引到农业信息服务网络上来，是我们应该思考和解决的关键问题。近年来，手机网络平台发展迅猛，越来越成为信息技术新的增长点和发展趋势，农业信息服务只有和这些最新的科学技术紧密结合，才能拥有无限的生命力和不竭的发展动力。

模块巩固

1. 简述信息的基本特征和形态。
2. 农业技术推广信息的种类和来源有哪些？
3. 简述农业技术推广信息系统的组成和分类。
4. 农业技术推广信息服务的程序包含哪些环节？
5. 农业技术推广人员如何提高信息能力？

模块九
农业技术推广组织与人员

【知识目标】

通过本模块学习，了解推广组织的内涵和职能，掌握农业技术推广组织的类型和运行机制，理解农业技术推广组织的管理原则，熟悉我国农业技术推广组织体系；理解农业技术推广人员的作用与职责，掌握农业技术推广人员的管理内容和方法。

【能力目标】

具备农业技术推广组织和人员管理能力，能够运用不同的方法，管理农业技术推广人员。

农业技术推广人员是指从事农业技术推广工作的相关人员。农业技术推广组织是农业技术推广人员的一种有序结合方式。农业技术推广体系是各种从事农业技术推广工作的推广组织（机构）及其相互关系的总称。

项目一　农业技术推广组织体系

一、农业技术推广组织体系的概念

1. 组织

“组织”一词可以作为名词理解，也可以作为动词理解。作为名词，指的是组织实体，是人们为了实现共同目标而形成的一个有特定职位结构，隶属关系明确，有相对稳定的运作机制的系统集合。作为动词，指的是组织活动，可以理解为完成某一任务、实现某一目标而进行的组织设计、构建和管理。组织机构是组织活动的依托，而组织活动是组织机构职能的体现。

2. 农业技术推广组织

农业技术推广组织是具有特定的农业技术推广职能，为了实现特定的农业技术推广目标，根据一定的规章、程序而进行农业技术推广活动的人群共同体。农业技术推广组织主要围绕服务“三农”的中心目标，参与政府的计划、决策、农民培训及试验、示范地执行等任务。农业技术推广组织结构是否合理直接影响推广任务的贯彻和落实。没有健全的农业技术推广组织，就没有完善的成果转化通道，科技成果就很难进入生产领域，转化为生产力。

3.农业技术推广组织体系

农业技术推广组织体系又称为农业技术推广体系，一般而言，农业技术推广体系是由各类农业技术推广组织所构成。各个国家政治、经济体制不同，相应的农业技术推广体系也各异。我国的农业技术推广体系是在政府统一领导下，分别由各级政府的农业农村部门主管的行政型农业技术推广体系。中华人民共和国农业农村部是我国农业技术推广组织最高管理机构，负责全国的农业技术推广工作，相应地，在省、地（市）、区、乡也都建有农业技术推广组织，负责本辖区的农业技术推广工作。随着社会主义市场经济体制的建立，我国农业技术推广体系开始向以政府行政型推广组织为主导、各类非政府推广组织广泛参与的"一主多元"推广体系转变，企业、农民和技术人员合办的协会组织相继产生，并发挥越来越大的作用。

二、农业技术推广组织类型与特点

从各国农业技术推广发展的实践看，可以根据推广组织的性质将其划分为4种主要类型：行政型农业技术推广组织、科教（科研教育）型农业技术推广组织、企业型农业技术推广组织和合作自助型农业技术推广组织。

（一）行政型农业技术推广组织

行政型农业技术推广组织指以政府设置的农业技术推广机构为主的推广组织，其组织目标和服务对象广泛，涉及全民的政治、经济和社会利益。在许多国家特别是发展中国家，推广服务机构都是国家行政机构的组成部分，其组织结构与一般的政府工作体系相仿，常以行政区域范围的划分产生上下级行政组织。

一般而言，行政型农业技术推广组织的主要特征有以下5个方面。

1.从组织设置上看

行政型推广组织一般与政府行政机构相对应，按专业部门自成体系；行政型农业技术推广组织内部具有明显的科层制结构，职位的分层或分级清楚。

2.从组织管理上看

推广组织受政府相关部门的直接领导，采用行政化管理方式；推广组织系统内部也自上而下分为若干级别，上下级采取垂直式的管理模式，形成独特的工作程序和工作作风，不同专业部门之间横向联系较少。

3.从工作方式上看

农业技术推广计划制订工作采取自上而下的垂直式的动力机制，推广工作往往是"行政命令式"地进行。

4.从推广内容上看

行政型推广组织主要承担公益性技术的推广，所进行的农业技术推广一般偏重知识性技术，农业技术推广组织的行动计划是通过政策的形式由上级组织机构依序传达到基层组织机构。

5.从推广人员上看

行政型农业技术推广组织中的推广人员往往具有行政工作和教育工作双重角色，承担行政性监督管理与科技服务双重任务。

(二)科教型农业技术推广组织

科教型农业技术推广组织是以农业研究院所和农业院校为主设置的农业技术推广组织和网络。在我国,农业科研单位包括国家和地方各级各类专业研究院,农业教育单位主要是农业高等院校和农业职业院校。虽然从机构性质上可以明确区分农业科研部门和教育部门,但实际上,农业科研部门除了从事农业技术的基础研究和应用研究外,也承担着农业教育、人才培养和技术推广的重任。农业教育部门虽然主要以培养各级农业人才为主,但同时也具有农业科学研究与推广的职能。

科教型农业技术推广组织的主要特点表现在:

(1)科教型农业技术推广组织集科研、教学、推广于一身,非常有利于农业科技的传播。

(2)从推广内容上看,科教型农业技术推广组织推广内容全面,不仅是技术的推广,更可能是在提高农村群众的素质与生活福利水平,促进全社会的发展方面做出贡献。

(3)科教型农业技术推广组织受行政干预较少,可以相对独立展开工作,不具有执法功能,更容易与目标群体沟通和取得目标群体的信任。

(4)科教型农业技术推广组织推广内容以知识和管理技能为主,推广方式以教育和咨询为主。

(5)科教型农业技术推广组织规模一般比行政型农业技术推广组织推广规模小,人员具有科研(教学)和推广双重甚至三重属性,推广经费受到农业(科研)教育经费预算的影响,一般投入比例很小。

(三)企业型农业技术推广组织

企业型农业技术推广组织是以企业或公司设置的农业技术推广机构为主,大都以公司形式出现。

1.工作目标

其工作目标是为了增加企业的经济利益,服务对象是其经营产品的生产者、加工产品的原料提供者或销售产品的使用者,主要侧重于特定专业化农场或农民。

2.工作特点

一般而言,企业型农业技术推广组织具有以下特点。

(1)企业型农业技术推广组织一般是企业的一个部门,推广组织目标服从和服务于企业整体目标。当企业经营目标稳定时,推广组织的地位比较明确,组织结构和网络比较稳定。当企业战略目标变动时,推广组织和人员的地位会相应发生变动,随企业经营状况的变化而调整。

(2)企业型农业技术推广组织一般采用自上而下的控制方式,权力集中度较高,其推广内容是由企业组织决定的,服务于企业利益,常限于单项经济商品生产技术。

(3)企业型农业技术推广组织的推广活动一般是以销售其产品为核心,采用配套技术推广方式,具有农业技术传播和技术服务等各项内容。但是,推广技术的公益性差、风险性大,其成果是以能否增进企业经营绩效来评估的。

(4)推广方法上,推广人员不只单独应用教育方法来促成农民经营技术的改变,同时也应用资源传递服务方法来为农民提供各类生产资料或资金，使农民能够较快地改进其生产经营条件，从而显著地提高生产效益。

(四)合作自助型农业技术推广组织

合作自助型农业技术推广组织是一类以会员合作方式相互之间进行技术和信息的传播沟通形成的组织机构。合作自助型农业技术推广组织主要具有以下特征。

(1)推广内容上，农业合作组织需要依据组织业务发展和组织成员的生产与生活的需求来决定，一般以可操作性技术为主。但在进行资源传递服务工作时，则以实物性技术为主。

(2)推广对象一般为参与合作组织的成员，这类推广组织具有"俱乐部"性质，对组织内部，推广是无偿的，对组织外的农民一般帮助较少。

(3)合作自助型农业技术推广组织通常是农业合作组织的部分单位，其组织规模随着农业合作组织的联结关系而定。组织的规模会受到组织经营活动状况的制约，从目前各国的农民合作团体来看，大多数规模较小。

(4)合作自助型农业技术推广组织的行动计划往往以组织辅导和资源传递的形式表现出来，所使用的推广方法偏重组织或团体方法。

(5)在组织结构上，该类组织的管理与决策一般是由全体成员参与，权力集中度偏低，决策效率低。

(6)虽然部分农业合作组织可能接受政府或其他组织的经费补助，但维持农业技术推广工作活动的主要资源条件仍然依赖农业合作组织的自有经费。

(五)其他农业技术推广组织

除了以上介绍的4种主要农业技术推广组织类型外，还有2种推广组织也很常见，它们是社会公益性推广组织和项目型推广组织。

1.社会公益性推广组织

社会公益性推广组织区别于政府行政型推广组织，也区别于科教型推广组织。这三类推广组织虽然都具有"公益性"特征，但是从组织运作管理的性质上看，可以分别划归为政府组织、准政府组织与非政府组织。社会公益性推广组织是社会权力而不是国家权力的体现，其从事推广事业更多的是从社会公共利益出发，而不是从"政权"角度出发。同时，社会公益性推广组织也不同于合作自助型推广组织，合作自助型推广组织的组织成员和组织目的是为本组织服务，而社会公益性推广组织的组织目的是为社区或全社会提供公共服务，而不仅限于组织成员。社会公益性推广组织在一些西方国家比较普遍，各种社会团体在农业技术推广中也发挥了很重要的作用。在我国的中西部地区，也有一些社会公益性推广组织从事推广活动。但是，由于资金所限，这类推广组织一般规模很小，资源动员能力和推广能力有限，一般与其他组织合作进行推广，不是推广组织的主体。

2.项目型推广组织

项目型推广组织是指依托推广项目而设置的推广组织，通过大型项目的推广，把各种类型的推广组织纳入其中，重新编制(如我国实施的黄淮海平原农业综合开发项目)。项目型农业技术推广组织的工作对象主要是推广项目地区的目标团体，也可涉及其他相关团体。项目型农业技术推广组织的公共职责范围，是改善项目区目标团体的经济与社会条件，其成果评估也偏重社会经济效益。项目型推广组织的组织规模属于中等偏小，而且组织机构都具有“临时性”，随着项目目标的达成，这类推广组织也会解体。所以，与其说项目型推广组织是一种推广组织，不如说是农业技术推广的一种方式更为确切。

三、几个典型国家农业技术推广组织体系介绍

（一）美国

美国农业技术推广的核心是“知识如何更直接有效地转化为生产力”，基本思想是充分发挥教育和科研单位的作用，鼓励人们运用大学知识解决实际问题。美国的农业技术推广体系是政府领导的以州立大学农学院为主体，农业科研、教育、推广相结合的农业技术推广体系。其组织机构由联邦农业部推广局、州立大学农学院和县推广站 3 级构成。

1. 联邦农业部推广局

联邦农业部推广局是全国农业技术推广工作的管理机构和宣传教育机构，其主要职能是管理和领导农业科技推广工作，有效地协调各州之间的合作与交流，根据《史密斯—利弗法》(1914 年)和其他有关推广工作的法律和条例进行管理，指导州级推广教育部门制订和执行推广计划，指导联邦推广经费的分配。联邦农业部推广局干部是联邦推广员，负责指导各州的工作，提供国家级的科研成果和经济资料，从事组织和协调工作，通过优质的信息服务、教育手段和解决问题的项目，确保整个推广体系能够带来更大的效益。

2. 州立大学农学院

各州的赠地学院或州立大学农学院，由教学、科研和推广 3 部分组成，是美国推广体系的重要组成部分。州立大学农学院的农业技术推广中心是美国农业技术推广工作的州级管理机构，负责落实联邦和州政府之间的推广协议，向联邦推广局反馈信息；协调州级农业技术推广、教学和农业试验站关系，与农村社团建立和保持联系；负责州级推广计划的制订和工作安排，以及推广人员的调配、管理和培训进修等。州立大学农学院农业技术推广中心的学科专家为州级推广员，一般兼顾教学和科研，主要提供新的科学技术和情报信息，并培训县级推广员。赠地学院保证教学、科研与推广的结合，教师既进行教学，又进行科研与推广；研究工作以实用技术为主，经过试验和示范成功后，立即向农民推广。赠地学院的农业试验站，既要从事研究，又要通过试验示范向农民推广新技术，并通过聘用的试验专家为纽带，与州级推广中心紧密协作。其专家同时受聘于试验站、推广中心，加强农业科技推广体系中科研与推广应用之间的联系。

3. 县推广站

县推广站是联邦农业技术推广局和州农业科技推广中心在地方的代理机构，由县农业技术推广办公室和县推广理事会组成。县农业技术推广办公室是州农业技术推广站的派出机构，由专业人员、秘书和乡村领导人组成；县推广理事会根据州农业技术推广中心与各县签订的农业技术推广协议设立。县推广站有专职推广员进行农业技术推广，他们直接与农民（农场主）接触，推广介绍新的技术和信息，帮助解决遇到的问题，改善经营管理及耕作方法、饲养方法等。当地社区则通过顾问委员会，向推广站反馈推广意见。此外，美国还有大量志愿服务人员也活跃在农业科技推广第一线，无偿为农户提供服务。

(二)日本

日本的农业科技推广事业称为“协同农业普及事业”，主要通过政府的“农业改良普及事业”和“农协”进行。政府的“农业改良普及事业”是由中央和都、道、府、县在技术、资金、物资、政策等方面协调统一建立行政型推广体系予以实施的，这部分推广力量在农业科技推广中处于主导地位。“农业改良普及事业”和“农协”一起构成连接农业科研机构与农户的桥梁，对农业生产改良、农业技术推广和农民生活改善等起到积极的作用。目前，在日本由国家、地方及农民共同建立起的“农业普及事业”协力组织机构，包括政府的农业普及体系、农协营农指导体系和农业企业咨询服务体系。

1. 日本政府的“农业改良普及事业”

政府协同农业普及体系包括农林水产省农业普及机构、地方普及事业机构和农业改良普及所。中央农林水产省（相当于我国农业农村部）的农蚕园艺局，是国家对农业普及事业的主管机构，下设 7 个地方农政局作为派出机构，分别负责农业改良、农民生活改善和农村青少年教育等方面的计划、机构设置、资金管理、情况调查、信息收集、普及组织管理和活动指导、国际合作以及普及职员的资格考试和研修等工作。同时，农林水产省还下设有 19 个农业试验场、1 所农业大学、1 处农业技术研修馆、1 处生活改善技术研修馆等直属机构，分别负责农业科研、农村青少年培养和普及职员研修等工作。全国 47 个都道府县的农林水产部内，设立普及教育课，作为改良普及的管理部门。普及教育课下设普及系、青少年系和生活改善系，分别负责本地区农业技术普及、农村青少年培养、生活改善规划制订、普及人员的资格考试、任用和安置等。在农林水产部下基本都设有农业试验场、农业大学及农业改良普及中心。区域农业改良普及中心是农业改良普及实施的主体机构，综合考虑所辖市、町、村的行政区域、自然条件、交通条件、社会及生活交往范围等因素而设置。

2. 日本的“农协”

“农协”全称“农业协同组合”，是依据 1947 年公布的《农业协同组合法》而成立的自主性的农民合作组织。按照国家行政区划，农协建立了 3 级组织，从事与农业技术和经营改善有关的教育活动及农村文化和生活改善的相关措施等。农协的全国性组织是农协机构中的最高形态，它既是全国农协的指导和管理单位，又是面向全国的综合性的服务机构，负责对农协进行组织和业务工作指导、调解、监察、提供信息，对农协工作人员进行业务教育和培训，向行政部门提出建议，协助政府进行农业政策的研究和制订等。农协的县级组织，在机构设置上基本与全国性机构相对应，主要任务是对各基层农协进行指导和监督。农协的基层组织，是指导农民生产和经营管理的实体，主要任务是指导农户经营农业生产，制订全年农业生产计划，进行农产品的储运和销售，为农户提供生产资料和生活资料。农协基层组织设有营农指导员，与政府机构的农业改良普及所配合，分片深入农户进行农业技术、经营管理、生活改善的指导，是日本农业改良普及事业的一支重要力量。

(三)印度

印度农业技术推广体系的设计是以政府为主导，中央与地方合理分工、科研教育推广紧密结合、公共部门与私人部门共同参与的多元化农业技术推广体系。

1.政府农业技术推广系统

印度政府的推广体系最初是在模仿美国体系基础上建立的。1950年,政府通过在每个邦选择一个试点县,再逐步推行到基层社区,每个社区建有一个推广员小组,建立了乡村工作者体系。初期的工作重点主要是配合各项社区发展计划以农村综合发展为目标,并没有专门从事农业技术推广。20世纪70年代初期,印度政府把乡村工作者体系改为专职农业技术推广培训和考察体系。在该体系下,中央一级,联邦农业和农村发展部下属农业局、农业科研教育局、农村发展局以及粮食和民用供给局,前3个局负责农业技术推广工作。邦政府一级,邦农业局对农村的生产推广工作负全责。邦农业局下通过设立推广办公室来负责各自的推广工作。

2.科研单位的推广活动

科研单位的推广活动主要以印度国家农业科研委员会(ICAR)为主。ICAR的工作包括科学研究、教育与培训、技术推广3个方面。其中在农业技术推广方面,ICAR主要通过3种形式进行:

(1)实施计划项目 "全国示范计划"在全国选出典型地区作为新技术推广示范点;"实用研究项目"将研究成果进行实地试验,以利于大面积推广;"从试验室到田间计划"将新研究成果从研究所转移到农村。

(2)开展农业技术推广教育 通过成立"农业技术推广人员培训中心"和"农业科学中心",培训技术推广人员。

(3)通过技术转让中心进行技术推广 通过技术转让中心,将成熟的技术进行推广。

3.农业院校的推广活动

印度各邦都有农业大学,各大学通过设立学术、研究和推广教育三个委员会进行农业技术推广活动。其中推广教育委员会包括各种推广组织、函授课程、广播、电视、展览、情报资料等部门。农业大学一般下辖40~50个专业性试验站,主要为学生提供实习和研究场所。农业大学中的教学、研究、推广人员实行轮换制,每2~3年轮换一次。其中推广人员70%时间搞推广,30%时间从事科研。

4.其他部门的推广活动

主要是一些私人公司或合作社,从事推广自己生产的农药、化肥、种子等。此外还为农民提供资金、技术以及其他服务工作,在整个农业技术推广体系中也发挥了重要作用。

(四)德国

德国(原德意志联邦共和国)的农业科技推广体制是政府、农会、私人咨询机构并行的农业科技推广体制。

1.政府咨询机构

政府咨询机构为全体农民和农业企业主服务,在联邦食品农林部设农林教育咨询处,全国11个州设农业及国内科学咨询处,由州农业部或农委领导。政府咨询机构设咨询员,通过出版刊物,提供信息和统计数字进行咨询服务。这些机构由州一直延展到最基层的村,每个村都有自己的经济咨询机构。咨询工作常与农民培训相结合,咨询人员也是农民培训学校的教师。

推广咨询的主要范围是:生产方面、企业管理方面、社会经济方面、家庭经济与家政方面、市场营销方面等。政府推广咨询机构面向全体农民开展无偿服务,但是各个州的具体方针和操作方法,有一定的差别。

2.德国的农会组织

德国的农会组织是一种农户联办的农村合作社。它在农业生产资料供应、农产品加工和销售、农机合作和信息合作等方面起到了重要作用。德国的合作社划分为三大系统,德国合作社和赖夫艾森协会(简称"德国合作社总会")、公益住房经济合作社协会、德国消费合作社协会。三大协会所属合作社,均分基层社、地方社和中央社 3 级建制。

(1)基层社　由家庭农场组成,直接为农户提供服务。

(2)地方社　由若干基层社组成,弥补了基层社规模小及人、财、物力的不足,可以批量以优惠价为社员(通过基层社)购进生产资料或生活用品,同时集中基层社的农副产品,批量上市。

(3)中央社　即德国合作社和赖夫艾森合作社联合会的直属专业合作社,其成员包括所有地方社。中央社可进行国内国际贸易,在业务上对地方社给予指导,传递市场信息,并对地方社和基层社进行专业检查。由于合作社的发展坚持"自助、自治、自管"的三项原则,重视立法工作,体系完整且内部结构功能齐全,在农村社会经济发展过程中为农业及农村居民提供了内容丰富而实用的综合咨询服务。

3.私人咨询机构

私人机构的咨询活动主要是通过咨询环服务开展的。咨询环是一种民间组织,农民们自愿地组织起来,选出一个理事会,由理事会雇用一个咨询员,作为咨询环的业务经理。咨询员同时还可在州政府农业部门任职,咨询员是专职的,不再兼职政府部门其他与咨询无关的工作,因而不会出现官办咨询服务人员的任务冲突现象。咨询环的工作范围同其他类型的推广咨询机构类似,其重点是企业管理和生产技术方面的咨询,同时还负责环境保护咨询工作以及对单个企业的生存保障与转型工作等进行项目咨询。咨询环服务有利于咨询环成员积极地参与咨询工作,也有利于激励咨询员创造性地、认真负责地开展工作。咨询员的分布密度越大,越有利于对单个企业开展特别咨询服务,增加咨询员与咨询环成员之间的接触机会,从而使咨询员能够更多地从咨询环中得到有关其工作状况的反馈信息。这样有利于对咨询环工作进行有效的评估。

二维码 9-1　典型国家农业技术推广组织体系的经验借鉴

四、我国农业技术推广组织体系

我国农业技术推广组织体系是以政府行政型农业技术推广组织为主体的。在计划经济时期,我国建立了组织体系完善的由政府计划的农业技术推广体系。到 20 世纪 90 年代初期,多元化的非政府农业技术推广组织开始产生并迅速发展壮大。

(一)行政型农业技术推广组织发展历程

我们把政府行政部门直接管理的推广组织称为行政型推广组织,新中国成立以来,我国行政型农业技术推广组织的发展经历了一个曲折的过程,大体可以分为以下 6 个阶段:

1.农业技术推广基层组织初步建立时期(1949—1957 年)

新中国成立初期,国家面临的主要问题是恢复农业生产,解决人民的温饱问题。为此制订了《农业技术推广方案》和《农业技术推广站工作条例》，要求各级政府设立专门的机构和配备干部负责农业技术推广工作，建立以农场为中心、互助组为基础、劳动模范和村技术员为骨干的推广网络。后来各地又大力兴办区农业技术推广站，形成以农业技术推广站为主体的农技推广组织体制。

2.农业技术推广组织发展健全阶段（1958—1965年）

这一阶段，全国除边远山区外，每个地市和区县都建立了农业技术推广机构（农业技术推广站），并且完成了专业化分工，分别设置了农技推广、种子、土壤肥料、植物保护、农业机械、畜牧兽医等专业站，农业技术推广组织初具规模。国家培养了一定数量的农业科研和推广人才，依托完善的推广组织，深入农村农业生产第一线，结合办夜校和“扫盲”等活动，推广农业技术和新式农具。

3.农业技术推广组织曲折创新阶段（1966—1976年）

这一阶段已经建立的完善的农业技术推广组织没有充分发挥应有的作用，农业技术推广人员的工作也受到严重影响。但是，在“以粮为纲”农业发展战略的引导下，农业生产投入增加，民间农业技术创新和推广的积极性不减。

4.全国农业技术推广组织体系全面发展阶段（1978—1991年）

随着改革开放和农村联产承包责任制的实行，我国农业发展进入了新的时期，开始从上到下重建农技推广服务体系。1982年农业部成立全国农业技术推广总站，大力发展县级农业技术推广中心，把农技、土肥、植保等专业站结合起来，实行统一管理，逐步形成了“以县农业技术推广中心为龙头、以乡镇农技站为纽带、以村级科技服务小组为基础”的推广网络。

5.农业技术推广体系健全与完善阶段（1992—2002年）

1993年7月，我国正式颁布实施《农业技术推广法》。1995年8月，农业部将全国农业技术推广总站、全国植物保护总站、全国种子总站、全国土壤肥料总站合并，组建成全国农业技术推广服务中心。同时，中央有关部门还进一步发文推进乡镇农技推广机构“三定”（定性、定编、定员）工作，畜牧、水产、农机、经营管理、林业、水利等专业技术推广体系也不断完善，至此，从中央到乡镇的五级农业技术推广机构基本建成。但是，随着经济体制改革的逐步深入，农业由计划经济向社会主义市场经济转轨，基层推广组织体系在改革中屡屡受挫，出现“线断、网破、人散”的局面，探索具有中国特色的现代农业技术推广新体系开始提上日程。

6.基层农业技术推广体系深化改革与创新阶段（2003年至今）

2003年年初，国务院转发了农业部等部委《关于开展基层农技推广体系改革试点工作的意见》，决定在全国选择部分县市开展基层农技推广体系改革试点工作。主要任务就是发展多元化的农技服务组织，创新农技推广的体制和机制。《关于开展基层农技推广体系改革试点工作的意见》强调国家农技推广机构改革的方向是确保公益性职能的履行，逐步退出经营性服务领域，形成国家兴办与国家扶持相结合、无偿服务与有偿服务相结合的新型农技推广体系。2004年以来，中央连续发布多个1号文件，对国家农业技术推广体系改革与发展进行部署。2006年，国务院下发《国务院关于深化改革加强基层农业技术推广体系建设的意见》（国发〔2006〕30号），农业部也先后出台了《基层农业技术推广体系建设规划（2009—2011年）》《农业部关于加快推进乡镇或区域性农业技术推广机构改革与建设的意见》等。这些文件的核心都是强调按照强化公益性职能、放活经营性服务的要求，深化基层农业技术推广体系改革；合理布局国家基层农业技术推广机构，有效发挥其主导和带动作用，充分调动社会力量参与农业技术推广活动。

(二)非政府农业技术推广组织的发展

在上面介绍的各种推广组织类型中，除行政型农业技术推广组织以外，其他类型我们统称为“非政府农业技术推广组织”，非政府组织按表现形式可分为准政府组织、民间组织和商业企业组织等类型。自 20 世纪 80 年代以来，伴随着计划经济向市场经济的过渡，我国非政府农业技术推广组织不断发展壮大，大学、科研机构、各类企业、农村专业技术协会、农民专业合作社、农产品行业协会等都开始参与农业技术推广活动。

(三)我国行政型农业技术推广组织体系现状

我国现行农业技术推广体系是以行政型农业技术推广组织为主体的。经过半个世纪的改革发展，我国已建成自上而下垂直的种植、畜牧、水产、农机化、水利、林业、经营管理等七大专业技术推广网络。行政型农业技术推广体系是我国农业技术推广的中坚力量，在我国农业科技推广中起着举足轻重的作用。通过这一网络，上联农业科研、教育单位，下联村级服务站点、科技示范户、农业企业、合作经济组织和农户，实现农业科研、生产与推广工作的三结合。另外，各级科技、教育、组织、人事劳动、广播电视等行政管理部门，以及科协、共青团、妇联等群众团体，结合本部门的工作和相关国家项目(如“星火计划”、农业科技示范园区、科技 110、科技入户、国家粮食丰产科技工程、科普大篷车等)，也积极参与农业技术推广工作。

我国行政型农业技术推广组织主要分属农业农村部和林草局管理。目前，我国已经形成了中央、省、市、县、乡的 5 级农业技术推广机构。县级以上推广机构隶属于同级政府的农业行政管理部门，乡级推广机构多数隶属于上级行政管理部门，部分乡镇也设有相应的农业技术推广管理部门，具有管理、执法、服务等综合功能。

总体上看，我国以政府行政型农业技术推广组织为主导的农业技术推广体系较为完善，运行状况良好，为我国农业发展、农业科技成果转化提供了有力的保障。

项目二　农业技术推广组织管理

一、农业技术推广组织管理原理与原则

组织管理的基本原理是对组织管理活动内在规律性的概括，对各种组织管理实践具有普遍的指导意义，农业技术推广组织管理也不例外。组织管理理论一般基于以下 4 个方面的基本原理展开。

(一)系统管理原理与原则

系统是指具有特定的目的和功能的若干既有联系、又相对独立的要素，按照一定的结构所组成的有机整体。农业技术推广组织也是一个系统，组织管理的各要素及其过程不是孤立的，

而是相互影响和制约的，具有发展的内在规律性。进行推广组织管理的基本目标是实现各管理环节的优化组合，提高组织整体效能。因此，必须根据系统所具有的目的性、整体性、层次性、有序性和相关性特征对推广组织管理活动及其各要素进行系统分析，综合管理。基于系统管理原理进行农业技术推广组织管理，需要遵循以下原则。

1. 目标性原则

组织系统都有其明确的目的性，系统的目的性特征要求组织管理必须具有明确的方向性。农业技术推广组织管理首先进行的是制订有关推广组织应努力达到的目标和确定推广对象的决策。关键是被推广的技术、成果、信息是生产需要、农民急需的。确定的组织目标应符合组织的承担能力，目标的制订一定要十分周密，力求深入不同层次成员的实际工作计划中。

2. 整分合原则

组织系统是由各种组织要素构成的有机体，因而是可以分解的；各组织要素之间又存在着有机联系，因而又是可以综合的。衡量组织管理工作好坏的一个重要标志就是组织运转的整体效果如何。进行有效的农业技术推广组织管理，必须在整体规划下进行科学的组织分工，在分工的基础上进行有效的综合，力求使推广组织的各个组成部门按照一定层次、秩序、结构有机地衔接，互为补充，相互促进，发挥出比个体效果相加之和要大得多的整体效果。

3. 层次性原则

组织系统是由多层次构成的一种递阶结构，系统的层次性特征要求组织管理必须明确组织系统内部的结构组成。明确系统内各要素和系统在整体中的地位、作用和隶属关系。这是管理总体目标逐级具体化的需要，也是管理系统运行有秩序的表现。

4. 动态适应原则

系统存在于一定的环境之中，并且与外部环境存在动态的相互作用。组织内部各构成要素之间也在不断发生变化。组织管理的工作要根据组织所处环境的变化和内部要素变化进行调节控制，实现系统的整体化目标。不论是组织与环境的互动还是组织内部要素间的互动，都反映在物质、能量或信息交换上。这就要求进行推广组织管理需要建立有效的监控机制，要经常与组织内部和外部进行信息沟通，并且对环境和内部的变化具有较强的应变能力。

5. 封闭性原则

在任何一个组织系统内，其管理必须构成一个连续封闭的回路，这样才能进行有效的管理活动。一个推广组织的管理系统应由指挥中心、执行机构、监督机构、反馈机构 4 部分组成。

(1)指挥中心是决策机构，对整个系统进行指挥。

(2)执行机构根据计划进行工作。

(3)监督机构对执行机构进行监督，以保证指令得到准确执行和组织目标的完成。

(4)反馈机构根据执行结果对反馈信息进行分析处理，提出对原来指令进行修正的方案。

应当注意的是，这里所说的封闭性是相对的，在运用中要灵活掌握，切不可僵化。

(二)能级管理原理与原则

能量是做功的本领，能量有大有小，把能量按大小排列，犹如阶梯，就叫能级。在一个组织的管理中，不同机构、人员、制度、方法能量大小不同，在管理中发挥的作用也不同。现代组织管理必须适应社会化分工协作的要求，在管理系统和管理过程中，根据系统、岗位、职责的要求，形成完整的、有层次的管理能级，以保证管理能量的最大限度发挥。根据能级管理原理，进行农业技术推广组织管理需要遵循以下原则。

1. 稳定性原则

能级的确定必须保证组织结构的稳定性。在管理系统中，一方面应根据组织结构内部各层次、各部门对管理释放能量的大小来确定它们在系统中的地位；另一方面各层次、各部门和各岗位之间在人员上应确定合适的比例。个别环节能量过大或过小，都会影响组织结构的稳定性和管理效率。

2. 责权利对等原则

不同能级应授予不同的权力和责任，给予不同激励，使其责任、权力、利益与能级相对应。责任适度能使该能级的工作目标与组织的整体目标相联系；权力恰当能保证该能级正常履行职责，完成任务，达到目标；对组织进行适度利益激励使该能级发挥最大的能量。

3. 能级对应原则

各类能级应当动态地对应。各管理岗位有不同能级，每个人的才能也各不相同。应当使相应才能的人处于相符的岗位；同时，管理环境和管理任务是动态的、人的能力是在变化的，所处的能级也应不断变化。实现动态对应，才能经常保持最佳的管理效能。

总之，一个好的推广组织应该有一个好的能级管理系统，高、中、低不同层次清楚。责、权、利相适应，总目标、任务明确，并要达到专业化、具体化程度，每一步都能尽快转化为行动和结果。例如，县农业技术推广中心承担了一项推广任务，并将任务分解给有关的推广服务站，推广服务站再将任务分解给有关的组和人。层层布置，层层落实，形成层次清晰、各负其责的单元，只有形成一条完整的指挥链，组织才能正常运转，发挥出应有的功效。

(三)人本管理原理与原则

在管理活动中，人既是管理的主体，又是管理的客体，人是组织最重要的资源。组织管理实际上也是人对人的管理，组织目标的实现和管理效益的取得离不开组织中每个成员的积极性和创造性。“人本管理”就是以人为本的管理，应以做好人的工作、调动人的主动性和积极性、实现人的自身价值为根本，通过激励，调动和发挥推广人员的积极性与创造性，引导推广人员去实现预定的组织目标。进行组织的人本管理遵循的基本原则有：

1. 人力资源开发原则

在各种资本投资中，对人本身的投资是最有价值的投资。一个组织的人才资源开发，重点在于对组织成员在组织服务期间的全过程开发，即从对组织成员的招聘、使用、评价到培养和激励；而人本管理角度上的人力资源开发，更集中在对组织成员的培养和激励上，要充分发挥人的职能、开发人的潜能，不断提高人的素质。

2. 人际关系协调原则

任何一个组织都是由众多人组成的有效协作系统。组织中人与人之间建立和睦亲善、相互信任的关系，能避免成员之间不团结、内耗等事情的发生，使成员之间的合作更为有效，以共同完成组织的共同目标。同时，通过深入地沟通和交流，产生一种团队精神，能够最大限度地发展成员的潜能，形成凝聚力量，在组织遇到困难或危难之时，起到特殊的作用，从而使人的精神得到升华。

3. 发扬民主管理原则

民主管理的目的在于通过使组织成员不同程度地参与管理，唤起每个成员的集体意识和为集体努力工作的愿望，达到组织的目标。民主管理有利于增强组织成员对组织的自豪感、归属感以及应有的责任感，有利于创造一个和谐的气氛，激发组织成员的工作热情。

4. 注重组织文化建设原则

组织文化是一种客观存在的文化现象。它是指在一定的社会历史条件下，组织在社会实践过程中所创造的具有本组织特色的精神财富。优秀的组织不仅在于它能够有现代化的技术、设备及现代化的人才，究其本质在于它有着体现在现代化管理中的优秀组织文化与凝聚起来的团队精神，组织成员在长期活动中所逐步形成的共同思想、作风、价值观念和行为准则。其对组织成员的思想和行为起着导向、约束、激励和凝聚的作用。

5. 发挥组织动力原则

组织管理的动力系统主要由以下 4 部分组成。

(1)物质动力　是指由于物质利益的驱动而产生的对组织活动发展的促动作用。

(2)精神动力　是指通过培植组织及其成员的观念、理想、信仰等精神方面的要求所形成的动力。

(3)信息动力　是指各种信息传递所构成的反馈对组织活动的推动作用。

(4)工作动力　是指管理者通过工作设计和任务与职权的授予而产生的对组织活动发展的推动作用。组织管理要能够综合协调地运用各种动力，并根据不同的环境、时间、条件和对象，有针对性、有侧重地选择不同的动力。

(四)效益原理与原则

效益，又称绩效，是指组织活动的业绩、效果和利益。组织管理的根本目的是提高组织系统的社会效益和经济效益，即在有限的组织资源(人力、物力、财力等)限制下，通过科学的方法和手段，以尽可能少的资源耗费，取得尽可能多的收益。效益原理认为，在组织管理中，必须注意讲究管理的效果和利益，时时处处都要以经济效益和社会效益为出发点，加强管理，提高效率，更好地实现系统的管理目标。根据效益原理，农业技术推广组织管理应该遵循以下原则。

1. 价值原则

在推广组织管理活动中，要紧紧围绕提高效益这个中心，合理利用各种资源，努力追求以最小的消耗，取得最多的成效。当然，农业技术推广活动本身是带有社会公益性的一种活动，推广组织管理在追求更好的经济价值与效益的同时，一定不要忽视更高意义的社会价值与效益，努力实现经济效益和社会效益的双收益。

2. 有效原则

组织管理的有效性，就是用尽可能小的组织资源投入，获得符合社会需要的满意效果。有效的组织管理必须研究和确定管理绩效指标，用以全面衡量系统管理的总效果。

3. 定量分析原则

现代管理工作的有效性评价，在很多方面要用数量化来表示。考核管理效果、经济效益要建立在科学定量的基础上，并采用现代数学、计算机等方法给以科学的显示和预测。农业技术推广组织管理者要充分应用定量分析方法研究组织运行的数量特征，并用以确定新的组织管理和推广工作方案，利用比较、模拟等方法，进行最优的决策，争取最佳的效益。

二、农业技术推广组织的职能

管理农业技术推广组织，首先需要明确农业技术推广组织的职能。当然，对于不同类型的推广组织，受其组织性质所限，其组织职能并不一致。例如，高层农业技术推广组织的职能更多体现在对基层农业技术推广组织的管理、指导和考核上，而基层农业技术推广组织更多直接承担推广任务，开展推广活动；公益性推广组织与营利性推广组织的组织职能也不尽相同，有时甚至大相径庭。

（一）农业技术推广组织的普遍职能

一般来说，从“从事农业技术推广工作”这一角度看，农业技术推广组织具有以下普遍职能。

1. 确定农业技术推广的目标

推广组织的职能之一就是结合当地政府和农民的需要，为各级推广对象确定清楚、明确、具有说服力的推广工作目标。

2. 保持推广工作的连续性

推广组织要根据本地区推广工作长期性的特点，在安排推广任务时，在使用推广方法上，在推广人员、推广设备、推广财政支援方面，都要保证推广工作的连续性。

3. 保持推广工作的权变性

农业技术推广工作面对复杂多变的环境，有些机遇的错过，将导致推广工作陷入困境。为适应各种新问题的挑战，要求组织形式和组织成员经常保持高度的主动性，发现并利用机会灵活地处理各种复杂局面，建立、培养和发展同各界的联系，以利于发挥推广组织所特有的权变性。

4. 进行组织间联系与信息交换

发展推广组织的横向与纵向联系，是推广组织的又一职能。农业技术推广工作面临的环境是复杂的，一个问题与多个方面相关，一种信息可能适用多种选择，本系统解决不了的问题，其他领域也许并不难解决。生产问题有时会影响生活问题，经济问题很可能影响政治、社会等问题。因此，建立有利于信息交换的系统是推广组织极为重要的职能。

5. 对组织成员和工作内容进行管理

推广组织需要经常检查与目标工作程序有关的实际成就，这就要求组织必须具有对组织成员、工作条件和工作内容的调控能力。组织成员的选择应以权变理论为基础，要求各组织推广人员应具备的条件，如生产技术、经营管理、劝农技巧、行政管理及相关学识的范围，以及规定推广人员的有效基础训练的内容，胜任人员的补充条件，培养课程设置的要求等都是从组织对成员、工作条件和工作内容的要求得出的内容。

6. 对组织内推广人员进行激励

推广组织必须具备促进组织内部成员积极工作的动力。推广组织的责任就是创造一种能够激发工作人员主动工作的环境。如：明确的推广目标，成功的工作方案，个人提升、晋级、获奖的机会及进一步培训的机会，工作中有利于合作的方式，这些都可能成为推广组织的特殊职能。

7. 对组织内推广人员和推广活动进行考核评估

组织对推广机构的组成、成员工作成绩的大小、推广措施的实施和计划制订的完成程序都需要进行考核评估。

（二）我国现行各级行政性推广机构的职能

1. 中央及省、地（市）级农业技术推广机构职能

中央及省、地（市）级农业技术推广机构是农业技术推广工作的管理机构，其主要职能如下。

（1）负责编制全国和本省、本地区的农业技术推广工作计划、规划，经农业农村部领导或有关部门审批后列入国家及省、地（市）计划，并组织实施。

（2）按财政管理体制编报农业技术推广的基建、事业等经费和物质计划。

（3）加强各级农业技术推广体系和队伍建设，逐步形成推广网络；检查、总结、指导所辖区域的农业技术推广工作。

（4）制订农业技术推广工作的规章制度，组织交流工作进修和培训；加强与科研、教学部门的联系，参加有关科技成果的鉴定。

（5）负责组织或主持重大科技成果和先进经验的示范推广。

2. 县（区）级农业技术推广机构职能

县（区）级农业技术推广机构是综合性的管理和技术指导机构，其主要职能如下。

（1）了解并掌握全县农业技术推广情况，做好技术情报工作，调查、总结并推广先进技术经验，引进当地需要的新技术，经过试验、示范，然后推广普及。

（2）选择不同类型地区建立示范点，采用综合栽培技术，打造增产增收样板。

（3）培训农村基层干部，农民技术员和科技示范户，宣传普及农业科技知识，提高农民科学种田和经营管理水平，帮助乡（镇）、村建立技术服务组织进行技术指导，开展多种形式的技术服务。

（4）有条件的也可以参加技术承包。

3. 乡（镇）级农业技术推广机构职能

乡镇农业技术推广机构是农业技术推广的基层单位，是农业技术推广综合服务组织，其主要组织职能如下。

（1）按照县、区（片）农业技术推广计划和农民要求，制订乡村重点推广项目的实施方案。

（2）与有关专业技术承包服务公司、农民技术员、科技示范户共同做好新技术、新成果的推广工作。

二维码 9-2 我国基层农业技术推广组织管理改革

（3）帮助农民引进良种和先进技术，种好示范田，树立榜样，组织参观交流经验，进行技术指导。

（4）配合供销部门组织好农药、化肥、农用薄膜的供应和使用技术指导。

（5）通过会议和现场参观等形式，宣传普及农业科学技术知识。

（6）及时向上级反映农事动态和农民的意见，当好农业生产经营的情报员。

项目三 农业技术推广人员

广义的农业技术推广人员包括隶属于某一农业技术推广组织或不属于任何农业技术推广组织但从事农业技术推广的相关人员。狭义的农业技术推广人员仅指推广组织内部从事农业技术推广工作的相关人员。需要注意的是,一个完善的推广组织至少包括3类人员:后勤服务人员、管理人员和业务人员。

一、农业技术推广人员的类型与职责

(一)农业技术推广人员类型

从不同的角度,可以将农业技术推广人员分为不同的类型。

1. 按农业技术推广人员所属推广组织

按农业技术推广人员所属推广组织可以分为政府直接管辖的行政型推广机构人员、科研教育单位推广人员、企业单位推广人员和合作自助型组织推广人员。

2. 按农业技术推广人员所属专业领域

按农业技术推广人员所属专业领域可以分为种植、畜牧兽医、水产、农业机械和农业经营管理5大类推广人员。

3. 按工作性质和类型

按工作性质和类型可分为农业技术推广行政管理人员、农业技术推广技术专家和农业技术推广指导员。

(二)农业技术推广人员职责

农业技术推广人员的基本职责是根据推广组织确定的推广目标,经济高效、保质保量地完成推广任务。一般而言,位于高层农业技术推广组织的推广人员更多承担对底层推广组织人员的管理、监督、控制、培训、考核和评价等任务;而基层推广组织的推广人员主要是根据当地自然条件和经济建设重点,根据上级计划和任务安排,进行具体的农业技术推广工作并及时向高层农业技术推广组织反馈基层信息。从推广人员职称角度看,按照我国目前职称设置,农业技术职务(职称)分为技术员、助理农艺师、农艺师、高级农艺师和推广研究员5个级别,不同级别的推广人员职责如下。

1. 农业技术员的职责

(1)农业技术员的职责是参与试验、示范和制订技术工作计划,组织并参与实施,对实施结果进行总结分析。

(2)指导生产人员掌握技术要点,解决生产中一般的技术问题。

2. 助理农艺师的职责

(1)助理农艺师的职责是制订试验、示范和技术推广工作计划,组织并参与实施,对实施结果进行总结分析。

（2）指导生产人员掌握技术要点，解决生产中的一般技术问题。

（3）撰写调查报告和技术工作小结。

3. 农艺师的职责

（1）农艺师的职责是负责制订本专业主管工作范围内的工作计划和规划，提出技术推广项目，制订技术措施。

（2）主持并参与科学试验及国内外新成果引进试验和新技术推广工作。

（3）能解决生产中一些技术问题，并且对实施结果和推广效果进行分析，做好结论，撰写技术报告和工作总结。

（4）承担技术培训，指导、组织初级技术人员从事技术工作。

4. 高级农艺师

（1）高级农艺师的职责是负责制订本部门或本地区主管工作范围内的生产发展规划，从理论和实践上进行可行性分析论证，并指导或组织实施。

（2）提出生产和科学技术上应该采取的技术措施，解决生产中重大技术问题，审定科研、推广项目、主持或参与科学技术研究及成果鉴定。

（3）撰写具有较高水平的学术论文、学术报告和工作总结。

（4）承担技术培训，指导、培养中级技术人员。

5. 推广研究员的职责

推广研究员相当于学校教授职称和科研单位研究员，职称是农业技术职务中最高的一级，在同行中享有较高威望，能起学术带头人作用。其主要职责是：

（1）直接从事国内外重大科学研究、技术攻关和重大推广项目的立项工作。

（2）组织国家或地区内重大项目的研究和推广工作，研究农业技术推广的理论与方法问题，解决生产中重大技术问题。

（3）掌握本专业国内科技动态，提出本专业研究或开发方向。

以上分析主要是根据相关文件对政府行政型推广组织内推广人员职责的规定而展开的，对于其他非政府组织，推广人员职责根据组织安排和在组织中的地位而定。

二、农业技术推广人员素质要求

农业技术推广人员的素质是指从事推广工作所必须具备的思想品质、生理条件、职业道德、科学技术知识、组织能力、表达能力和心理承受能力的综合表现。农业技术推广人员的素质是农业技术推广事业开展的基础，农业技术推广人员素质的高低，既决定着推广工作的业绩，又关系到推广事业的兴衰。不断提高农业技术推广人员的素质，是带动农业技术推广工作不断前进的根本途径。

（一）职业道德

1. 热爱本职工作、服务农民的意识

农业技术推广是深入农村、为农民服务的社会性事业，它要求推广人员具有高尚的精神境界，良好的职业道德以及优良的工作作风，热爱本职工作，全心全意地为发展农村经济服务，为帮助农民致富奔小康服务，争做农民的“智多星”和“贴心人”，把全部知识献给农业技术推广事业。

2.深入基层、联系群众的作风

离开了农民就没有农业技术推广工作，推广人员必须牢固树立群众观念，深入基层同群众打成一片，关心他们的生产和生活，帮助他们排忧解难，做农民的“自己人”，同时要虚心向农民学习，认真听取他们的意见和要求，总结和吸取他们的经验，与农民保持平等友好关系。

3.勇于探索、勤奋求知的精神

创新是农业技术推广不断发展的重要条件之一。要做到这一点，首先要勤奋学习，不断学习农业科学的新理论、新技术，特别在社会主义市场经济日益发展的今天，还要善于捕捉市场信息，进行未来市场预测，在帮助农民致富、推进农业产业化方面不断接受新思想，学习新知识，加速知识更新速度，拓宽知识面，不满足前人已取得的成果，不拘于权威的结论，争取在工作实践中有所发现、有所发明、有所创新、有所前进。

4.尊重科学、实事求是的态度

实事求是是我们党一贯倡导的辩证唯物主义的思想路线和基本作风，也是农业技术推广人员的基本道德原则和行为的基本规范。因此，在农业技术推广工作中要坚持因地制宜，“一切经过试验”的原则；坚持按科学规律办事的原则，在技术问题上要敢于坚持科学真理。

5.谦虚真诚、合作共事的原则

农业技术推广工作是一种综合性的社会服务，不仅要依靠推广系统各层次人员的通力合作，而且要同政府机构、工商部门、金融信贷部门、教学科研部门协调配合，还要依靠各级农村组织和农村基层干部、农民技术人员、科技示范户和专业户的力量共同努力才能完成，因此，要求农业技术推广人员必须树立合作共事的观点，严于律己，宽以待人，谦虚谨慎，不骄不躁，要互相尊重、互相学习、互相关心、互相帮助，调动各方面力量，共同搞好农业技术推广工作。

(二)业务素质

1.要具有丰富的专业知识

我国农业技术推广人员多为某单一专业出身，所学知识过细过窄，很难适应社会主义市场经济发展的需要。所以要求农业技术推广人员应具有大农业的综合基础知识和实用技术知识，既要掌握种植业知识，还要了解林业、牧业、渔业甚至农副产品加工、保鲜、贮藏、营销等方面的基本知识和基本技能。不仅熟悉作物栽培技术(畜禽饲养技术)，还要掌握病虫防治、土壤农化、农业气象、农业机械、园艺蔬菜、加工贮藏、遗传育种等的基本理论和实用技术，才能适应农村和农业不断发展的需要。

2.要具有心理学、教育学等基础知识

农业技术推广是对农民传播知识、传授技能的一种教学过程。所以说农业技术推广人员是教师，需要具有教育科学知识和行为科学知识，摸清不同农民的心理特点和需求基础，有针对性地结合当地现实条件进行宣传、教育、组织、传授。这就要求农业技术推广人员要懂得教育学、心理学、行为学、教学法等基本知识，才能更好地选择推广内容和采用有效方法。

3. 要具有一定的管理才能

农业技术推广的对象是成千上万的农民，而推广的最终目标是解决效益问题，所以农业技术推广人员做的工作绝不是单纯的技术指导，还有启动农民积极性和人、财、物的组织管理的作用。因此，农业技术推广人员必须掌握教育学、社会学、系统论、行为科学和有关管理学的基本知识。要学会做人的工作，具备人员的组织、指挥与协调，物资的筹措和销售，资金的管理和借贷，科技(项目)成果的评价和申报等管理才能，方可更好地提高生产效益和经济效益。

4. 要掌握现代化的传媒手段

现代信息技术飞速发展，传媒手段多种多样。作为一名农业技术推广人员，需要根据当地实际情况，熟练掌握各种现代传媒技术。除了传统的文本写作、还要有视频制作、图画制作能力，能够熟练掌握利用照相机、录像机和电脑、网络操作技术。利用好现代传媒技术，可以对农业技术推广工作起到事半功倍的效果。

5. 要有良好的文字表达能力

文字是信息传递的主要工具之一，写作是推广工作进程和体现的形式，也是成果评价和经验总结的最好手段。写作能力的高低在相当程度上决定着推广效果的好坏，所以农业技术推广人员必须具备良好的科技写作能力，要学会科技论文、报告、报道、总结等文本的写作。写作时要注意观点明确、文字简练、语言大众化、条理清晰、说服力强、容易被群众接受。还要具备计算机的应用能力，借以获取和传递信息，提高工作效率。

二维码 9-3 公益性推广人员与营利性推广人员的差异

6. 要有丰富的口头表达能力

虽然随着科技的进步，传达信息的手段多种多样，信息的载体也非常丰富，文本、图片、视频等资料很多。但是，语言仍旧是信息的最重要载体，与农民进行面对面的沟通仍然十分必要。所以，丰富的口头表达能力和与农民的沟通能力是农业技术推广人员的基本功之一。在有些方面和某些场合，口头表达能力的高低，直接影响着推广进程和效果。因为，丰富的口头表达能力可以增强对农民群众的吸引力和启动力，使之更快地接受农业技术并转化为现实生产力。

三、农业技术推广人员管理

农业技术推广人员的管理属于人才管理范畴，它是农业技术推广管理的核心。农业技术推广人员的管理就是对农业技术推广人员的发现、使用、培养、考核、晋升以发挥其主动性和积极作用，从而提高工作效率，多出成果，快出人才的过程。

(一)农业技术推广人员管理的内容

1. 合理规划与编制

规划与编制是培养和选拔农业技术推广人员、组织和建设农业技术推广队伍的依据，是农业技术推广人员管理的首要环节。农业技术推广队伍的规划要与农业技术推广事业的发展规划相适应，满足农业技术推广事业的需要。农业技术推广队伍的发展规划要通过编制来实现，定编原则主要有下面几条。

(1)编制与任务相适应，即根据任务按一定规模、比例确定人员编制。

(2)依据最佳组织结构，确定各人员在质和量上的要求。

(3)精干，以最佳比例、最小规模搭配人员，发挥最大效能，目前我国农业技术推广单位确定的高、中、低3级农业技术推广人员的比例以1:2:3为宜。

(4)编制要相对稳定，但人才可以合理流动，人才不流动，组织就无生气而言。

2.合理选配农业技术推广人员

选拔、调整和配备农业技术推广人员是管理的重要环节，选配时应遵循下面几条原则。

(1)要爱惜人才，把人才视为最宝贵的财富，最大限度地发挥人的才能，并且要适当照顾人的情绪。

(2)调配要有计划，既考虑当前，又考虑长远。

(3)专业、职责、能级年龄结构要合理。

(4)选人要多渠道，多途径，选才广泛，用才适当。

3.恰当使用农业技术推广人员

农业技术推广人员的恰当使用是管理的核心。只有使用恰当，才能调动积极性。因此，必须坚持任人唯贤的原则，不搞任人唯亲。

(1)要了解每个农业技术推广人员的品质、才能、长处和短处，尽量做到扬长避短。

(2)了解每个农业技术推广人员的特点，根据其特点和爱好，恰如其分地安排工作、职务，即知人善任。

(3)要做到对农业技术推广人员不嫉贤妒能，求全责备。

只有这样才能做到合理使用，发挥最佳效能。

4.农业技术推广人员的培养提高

对农业技术推广人员的培养提高，应成为农业技术推广人员管理的重要内容。科学技术发展迅速，知识日新月异，知识更新周期越来越短，农业技术推广人员需要接受再教育。否则适应不了农业发展，农村经济发展的需要，还会造成推广队伍老化，知识老化，直接影响了农业技术推广工作的效率。

5.农业技术推广人员的考核

考核是对农业技术推广人员工作的评价，正确的考核可以起到鼓励先进、督促后进，同时也可推动人才的合理使用。目前，主要的考核指标是指对农业技术推广人员的实际水平、能力和贡献做客观的科学的评价，即水平考核、能力考核和业绩考核3个方面。

(二)农业技术推广人员管理的方法

1.法律管理方法

法律是国家进行管理的重要措施之一。农业技术推广人员管理的法律方法，除要求每个农业技术推广人员必须严格遵守国家颁布的各项法律外，还包括严格遵守农业技术推广方面的地方性法规。《农业技术推广法》的颁布使农业技术推广走上法治化道路，将对农村、农业稳步发展产生更深远的影响。在农业技术推广人员管理中，应用法律方法具有高度的严肃性。法律与政策不同，政策是指导性的，法律是强制性的，它体现的是一种规范，明确规定在一定情况下可以做什么，应当做什么或不应当做什么，并以这种规定来作为评价人们行为的标准，有确定的质和量的界限。就农业技术推广组织机构而言，应该根据国家的法律、法规制订自己的管理措施，保证农业技术推广工作正常运转，保证农业技术推广队伍的稳定，使农业技术推广工作受到法律保护，同时使每个农业技术推广人员主动做到有章可循，有法可依。

2. 行政管理方法

行政的方法就是指依靠行政组织的权威，运用命令、规定、指示和条例等行政手段，按照行政系统、层次的管理方式，以鲜明的权威和服从为前提，直接指挥下属工作。因此，行政方法在某种程度上讲带有强制性。要想有效地利用行政方法来管理农业技术推广人员，首先，应将行政方法建立在客观规律的基础上，在做出行政命令以前，必须做大量的调查研究和周密的可行性分析，使所要做出的命令或决定正确、科学、及时和有群众基础。

3. 经济利益引导法

农业技术推广人员管理中用的经济方法，属于微观领域中的经济管理方法。即按照经济原则，使用经济手段，通过对农业技术推广人员的工资、奖金、福利和罚款等来组织、调节和影响其行为、活动和工作，从而提高工作效率的管理方法。

4. 思想教育的方法

思想教育的方法是我们国家在管理中的传统办法。农业技术推广人员的思想教育方法，是通过思想教育、政治教育和职业教育的方法，使农业技术推广人员的思想、品德及时得到改进，使他们成为农业技术推广目标所需求的合格者。在这个方法中常采用的具体做法有正面说服引导法、榜样示范和情感陶冶法等。

5. 精神激励的方法

在许多情况下，人们对工作的兴趣，对自己职业重要性的认识，对自己劳动的社会地位的认识，以及对集体的热爱等，从根本上说要比工资和其他物质性的刺激对他们的影响来得大。尤其是广大农业技术推广人员，相当数量的人在工作、生活条件艰苦、待遇明显较低的情况下，依旧勤劳地为农业技术推广事业奉献自己，当他们的工作取得成绩，获得社会承认，受到群众欢迎和尊重时，他们的工作热情会更大限度地发挥出来，再苦再累也心甘情愿，这就是精神激励所致。所谓精神激励，就是通过一些刺激引起人的动机，使人产生一股内在的动力，朝着所期望的目标奋发前进。

6. 资格地位激励法

名与利是理性经纪人追求的两大目标，给予做出贡献的推广人员以经济激励是从人的“逐利性”出发激励推广人员努力工作；而给予推广人员一定的职称和地位，是从“名”的角度进行激励。联合国粮农组织对此提出以下建议。

(1)农业技术推广人员的工作资格应和农业科研人员一致。

(2)在专业职称和相应等级的任命上一致。

(3)在给予相应的奖励和表彰方面一致。

(4)在提供专业晋级方面的机会一致。

模块小结

农业技术推广组织是构成农业技术推广体系的一种职能机构，是具有共同劳动目标的多个成员组成的相对稳定的社会系统。农业技术推广组织应遵循目标性、层次性、协调性、整体性、能动性和封闭性原则。西方发达国家农业技术推广组织较为健全，形成了适合本国发展需要和特色的推广体系。我国农业技术推广体系目前在推广体制、机构、机制和队伍方面还存在一定的不足，需要在观念、投入、条件、人员和政策法规等方面予以加强。

农业技术推广人员在农业技术推广工作中起着举足轻重的作用。不同级别部门的农业技术推广人员职责不尽相同，农业技术推广人员的管理包括队伍规划、人员的选配、使用、培养、考核、调整以及思想等多个方面，主要采用经济、行政、思想教育、精神激励、法律等方法进行推广人员管理。农业技术推广人员需具备一定的职业道德和业务素质，可以通过对推广人员进行岗前培训和在职培训、短期培训和长期培训等方式提高推广人员的综合素质和水平，更好地为农业技术推广工作服务。

模块巩固

1. 农业技术推广组织的类型有哪些？它们各有什么特点？
2. 当前我国行政型农业技术推广组织体系改革的重点是什么？
3. 简述农业技术推广组织的基本职能。
4. 分析当前我国基层行政型推广组织管理改革的重点。
5. 对公益性推广人员的素质要求有哪些？
6. 对农业技术推广人员的管理有哪些方法？

模块十

农业技术推广写作与演讲

【知识目标】

通过本模块学习，了解农业技术推广论文的选题原则，理解农业技术推广语言的特点及原则，掌握农业技术推广论文的格式与写作技巧，掌握农业技术推广宣传应用类文体的写作方法，掌握农业技术推广人员的语言技巧和演讲稿的撰写方法。

【能力目标】

具备农业技术推广各种文体的写作技能，能够完成农业技术推广论文、报告类论文与宣传应用类文体的写作，能撰写农业技术推广演讲稿，并具备演讲能力。

项目一　农业技术推广写作

农业技术推广工作的广泛性，决定了农业技术推广写作文体的多样性。推广写作文体可分为3类，即推广论文类、推广报告类和宣传应用类。

一、推广论文的写作

按照论文的分类，农业技术推广论文属于科技论文，是指用书面形式表述在农业技术推广领域里进行研究、开发及其推广方面项目的技术性文体。由于推广论文具有专业性、创新性、理论性及规范性等特点，因此在论文的选题、格式及撰写上应遵循一定的原则及规范化要求。

(一)论文的选题原则

1. 选择有创新的问题

可选择别人尚未研究或虽有研究但不完整、不全面的问题。通过立题，阐述自己的新观点、新发现、新理论。创新是推广论文生命力的具体体现。

2. 选择有争论的问题

有些问题虽已有研究，但尚未定论或觉得尚未完善未敢苟同。作为新课题，仍有必要再进行探究，以期进一步探明事物的客观规律。

3. 选择农业生产实际中急需解决的重大问题

这是推广论文选题的最基本原则，即“生产实践出题目，科研推广做文章”。不解决实际问题的论文是没有价值的。

4. 选择与自身条件、能力相适应的题目

取己所长、量力而行，选择自己擅长的题目，较易写出学术性、科学性较强且有价值的论文。

二维码 10-1　农业技术推广语言的特点

(二)论文的格式

1. 论文的格式

按照论文的一般分类方法，科技论文可分为科学论文与技术论文两种，推广论文一般属于后者。尽管不同刊物对论文格式的要求有所不同，但归纳起来，技术论文的格式一般包括：标题、作者署名(包括作者所在地、工作单位、邮政编码)、摘要(英文摘要)、关键词、正文、参考文献等部分。

(1)标题　标题是读者第一眼看到的。一个好的论文标题可以使读者“先睹为快，欲阅下文”。推广论文的标题应具有确切、鲜明、醒目、简洁等特点。标题确定应注意论文的定性问题：试验、推广进行中的结果报道，可用“……简报”，如“EM 在家禽配合饲料中应用效果研究简报”；分阶段研究与推广的成果，可用“……初报(一报)”“……二报”，如“保丰玉米对玉米田间植物和节肢动物的影响初报”；试验研究结论与他人结果有出入的同类研究，可用“……探讨(商榷)”，或用“……初探”等，如“北方旱区防旱保墒问题的探讨”；如果课题研究结果一致，占有资料较丰富，把握性较强，则可以用“论……”或“……研究”等，如“论农业可持续发展的投融资问题”“中国集约农业对环境影响的研究”。

(2)作者署名　就作者而言，论文署名表示作者对论文负有责任。对编者来说，则是对作者劳动的肯定。从作者与读者的关系而言，署名便于读者与作者联系沟通。从作者与作品关系来看，署名则是确定学术成果的归属。

(3)摘要(内容提要)　摘要是对论文内容准确而不加评论的简短陈述。内容包括研究目的、方法、成果和结论。摘要一般不用图表、化学结构式及非公式的符号和术语，一般要求 200 字左右(有的刊物要求同时有英文摘要)。

(4)关键词　为适应信息检索、情报查新需要，每篇论文需要提炼 3～8 个关键词。由于关键词是反映论文核心内容的名词和术语，因此应尽量从主题词表中选用。

(5)正文　正文是反映论文价值的主体部分。推广论文一般由前言、材料与方法、结果与分析、讨论与结论等部分组成。

前言说明写作目的，介绍主要内容及与本论文相关的研究状况等；材料与方法介绍论文涉及的相关材料与研究方法；结果与分析是运用简洁的语言，对研究结果进行充分合理的分析；讨论或结论是根据研究结果分析和归纳出来的观点，同时分析存在的问题，提出今后的研究方向等，应当总结精练、措辞严谨。

科技综述与科普论文类一般由前言、问题提出(意义、原因分析等)、解决问题的措施、结论及建议等部分组成。

(6)参考文献　为了反映论文的科学依据，同时表示作者尊重他人研究成果的严肃态度，以及向读者提供有关信息的出处，正文之后一般应列出参考文献。所列的参考文献，应限于论文中曾经出现或提到的，一般应该是公开发表的文献。文献的格式，按不同刊物的要求编排。投稿前应仔细查阅该刊物的投稿指南，按要求书写。

2. 论文的图表和图像

(1)图表　在论文中，为了使表达更为直观、简洁，常常采用图表这种表达方式。图表多用来表达具体的试验(实验)和统计结果，一般研究的对象为行题，研究所观察的对象为列题。论文常用的图表包括曲线图、柱形图、图形图、示意图及表格等。

(2)图像　论文常用的图像包括图画、照片等。

二、推广报告的写作

农业技术推广报告种类繁多，诸如立项、开题、可行性论证、成果报奖、情况调查、工作总结等，不同报告有不同的特点及撰写要求。

(一)项目类报告

1. 可行性论证(研究)

随着现代农业及经济全球化的迅速发展，科学管理、科学决策显得越来越重要，无论是建设项目、科研项目、推广项目，还是银行信贷、协作关系建立、项目引进等事项，都必须经过科学、周密的可行性论证，方能确定。

所谓可行性论证，是指根据社会需求、现实条件，以及社会、经济、生态效益等情况，从技术、资源、人、财、物等因素考虑，在立项前，对项目进行定性、定量分析，论证其可行性的报告性材料。

可行性论证报告的撰写格式如下。

(1)封面　封面一般应写明论证项目的名称、项目主办单位及负责人、承担可行性研究或主持论证单位及送审日期。

(2)目录。

(3)正文　正文应包括前言、项目内容、效益分析、结论与讨论等部分。

①前言。概括说明项目的产生背景、目的、意义。

②项目内容。除项目本身外，还应包括现实条件分析、主要依据、工作范围、主要过程、技术、经济等指标，承担单位基本条件与计划进度安排等部分(建设项目还应包括资源、协作、建厂、环保等相关内容)。

③效益分析。指根据项目实施条件进行效益预测，包括社会、经济、生态、技术效益，提出经费预算与来源。

④结论与讨论。提出论证结果并指出存在的问题及建议等。与论证报告相关的图表、参加人员等说明，可作为附录附后。

⑤可行性报告。报告是否可行，最终需经过现实性、科学性、综合性论证，通过答辩最终确定。农业技术推广项目，若经济、技术等条件不太复杂，协作关系较简单，往往将可行性报告与

计划任务书合二为一，上报审批后立项。

例 1：“星火计划”项目可行性研究报告。

“星火计划”项目可行性研究报告
项目名称：
申报部门：
承担单位：
项目负责人：
××科技厅制

①项目意义及申请理由（国外发展趋势，国内技术水平及现状，市场预测及应用推广的可能等）。

②技术开发内容（主要技术路线及工艺流程、解决的关键技术及解决的途径）。

③项目要求（达到的技术经济指标、经济效益及示范意义）。

④现有工作基础、技术和资源条件。

⑤计划进度（分年度）。

⑥经费预算及偿还计划。

⑦经费预算及“匹配”情况。

⑧偿还计划（指偿还省投资部分）。

⑨专家评议意见（一般需 3 人以上评议）及签字。

⑩当地银行审查意见。

⑪市科技局或有关厅（局）审批意见。

⑫当地财政部门审查意见。

2. 项目申请报告

项目申请是推广项目在立项前向上级有关主管部门提出开展某项目的请求报告，是审批的依据。

例 2：全国农牧渔业“丰收计划”项目申报书。

全国农牧渔业“丰收计划”项目申报书
项目名称：
承担单位：
申报日期：

①项目名称。

②承担单位及主要参加单位。

③推广的主要技术来源及获奖情况（包括获奖或鉴定日期、奖励名称、等级、授奖部门、目前国内外水平对比）。

④该项目技术推广地区的应用现状及前景（包括应用范围、规模，社会、经济、生态效益，产品的市场现状及前景预测）。

⑤项目主要内容及技术经济指标。

⑥项目实施地点、规模及分年度计划进展。
⑦采用的技术推广方法、措施及技术依托单位。
⑧预期达到的目的(包括社会、经济效益)。
⑨经费概算。
⑩专家评审意见。

例 3:国家科技成果重点推广计划项目申报书。

国家科技成果重点推广计划项目申报书
项目名称:
项目申报单位:
推荐部门:

①项目简要技术说明及主要技术性能指标。
②国内外技术水平分析。
③推广的主要技术内容。
④推广的必要性。
⑤已推广、应用情况说明。
⑥推广范围、条件及市场分析。
⑦实施科技成果推广的能力。
⑧推广实施进度安排及推广方式。
⑨主要协作关系。
⑩典型实施范例的社会效益、经济效益分析。
⑪申报单位意见。
⑫地方科技厅或部门审查意见。

(二)其他类报告

1. 调查报告

调查报告是在对客观事物或社会问题调查研究后,将所得认识和结论准确、精练、系统地写出来的书面报告。它是上级或相关部门了解情况、制订政策、发现典型、总结推广经验、解决和处理问题的依据。调查报告种类很多,根据其内容和特点,一般分为 4 种类型。

(1)基本情况调查　基本情况调查主要调查某一地区或单位、某一阶段工作或某一方面的情况,摸索规律,发现问题,归纳整理,为制订计划、措施、政策、决策提供依据。

例 1:××县用地养地的调查分析。
①前言。
②地力、施肥状况及与作物产量关系的分析。
③该村农田有机质和养分状况的分析。
④用地养地的途径。

(2)典型经验调查　典型经验调查是指对具有典型意义的先进单位的成功经验或个人先

进事迹进行总结分析，以点带面，对全局或面上工作起推动或示范作用的一类报告，写作时应注意：经验应符合实际，有普遍意义；内容要具体、深刻，所举事例应具有典型性、针对性。

例 2：改进农村思想政治工作的实践和思考。

①开展的几项工作与做法。

②取得的基本经验。

(3)查明问题调查　查明问题调查是指为弄清某一事件或问题发生的原因、经过、性质、当事人责任等进行调查后写的一类报告。其目的是查明真相、揭露问题、分清责任、提出建议，为有关部门决策提供依据。

例 3：××村××同志在土地纠纷案中致伤事故的调查。

①简介。

②事故经过。

③事故原因分析。

④处理意见。

⑤今后预防事故再度发生的措施。

⑥调查组成员名单。

(4)报道新生事物的调查　社会飞速发展，科技日新月异。这类调查报告正是为了满足现代人对社会不断涌现新生事物的关注了解的需要，追赶时代潮流，促进经济建设和社会发展而写的。

例 4：水稻覆膜旱直播栽培技术推广应用情况的调查。

①问题的提出。

②解决的关键技术要点。

③推广应用情况。

④应用前景及有待改进的几点建议。

2.技术总结报告

技术总结报告主要是在某一科研或推广课题阶段或全部结束后，将取得成果、经验教训进行回顾检查、归纳分析，得出指导性结论，同时指出今后工作方向及改进措施等的文字材料，属于专题性科技总结。同其他总结报告一样，技术总结报告一般也包括标题、正文、署名和日期几个部分。

(1)标题　写明研究或推广项目名称、完成单位、时间等。

(2)正文　开头(导语)主要概述情况，包括课题目的意义、工作进程、研究成果等，力求简明扼要。主要工作成绩与做法是总结的重点部分，应翔实、具体，包括课题主要技术要点及创新点、遇到的问题、采取的措施、经验体会。另外，还应指出课题实施中存在的问题。结尾部分还应提出课题的发展趋势、今后努力方向及相应建议。

(3)署名和日期　若标题下已经写明，此处可略。

写好技术总结报告，除应掌握一般总结报告的写作要点(如充分获取材料、正确评估工作、总结归纳找出规律所在等)外，还应注意其写法与推广论文、工作总结报告也有所差异。主要表现为：一是应分析素材形成概念，运用逻辑推理体现出课题的学术水平；二是应突出重点及创新点，总结规律性，提炼主题；三是应反复推敲，形成观点，科学论证，保持报告的科学性和严谨性。

例 5：小麦节水高产栽培技术研究报告。

①前言。

②试验示范区的条件。

③主要研究结果。

④主要技术。

⑤生产示范效果。

⑥突破点和技术创新。

3. 工作总结报告

工作总结报告是对科研或推广课题的实施方法、组织管理、工作成效等进行总结的专题报告。一般是与相应的技术报告平行共用的一类报告。写作格式包括标题、正文、署名和日期几个部分。

(1)标题　写明研究或推广课题名称、完成单位、时间等。

(2)正文　主要包括工作进展情况概述或课题实施方法、组织管理措施、主要工作成效、取得经验、存在问题、发展趋势及今后建议等。如果说技术报告侧重于技术要点，而工作报告则应侧重于工作方法或管理措施。当然其他内容也不可少。

二维码 10-2　推广成果报奖材料

(3)署名和日期若标题下已写明，此处可略

例 6：小麦节水高产栽培技术工作报告。

①前言。

②研究经过。

③主要研究结果。

④生产示范效果。

⑤经验和问题。

三、宣传应用类文体写作

(一)科普文章

科普文章是科技论文的一种，其特点是用深入浅出、生动活泼的语言，阐述科学道理，从而使深奥的理论和科技知识得以普及。科普文章按其内容及主要性质，可以分为知识性科普文章和技术性科普文章两类。

1. 知识性科普文章

知识性科普文章是普及科学知识的作品，主要讲述各种科学知识，尤其是自然科学各学科的基础理论与实践。该类文章的写作应注意以下几点。

(1)由浅入深　应根据不同读者对象，用通俗浅显的语言，循序渐进，逐步展开。使读者易懂易记，获取知识。理解掌握科学原理。

(2)超前求新　应以介绍新知识、新技术、新信息、科技发展新趋势等为创作的主要内容，从中选材。并以新角度、新方法研究探讨，赋予新意，使读者获得新知识。

(3)引人入胜　把知识性与趣味性融为一体,启迪思想,吸引读者,激发其探索求知欲望,引发思考,使读者深入其中,获取知识,这既是写作的基本要求,也是写作的目的。当然,趣味性应从科学知识中挖掘提炼,不可低级趣味,有失科学的严肃性。

2.技术性科普文章

与知识性科普文章不同,技术性科普文章是普及应用技术的作品。技术性科普文章注重实用性与专业性,主要讲述实用技术。因此,写作除了应具备知识性科普文章的基本写作要求和特点外,还应掌握以下几点:

(1)实用具体　指这类文章能够解决读者的一些实际问题,具有实际应用的价值。措施具体,技术实用,易于掌握,施之即效。

(2)通俗易懂　指作品应力求使抽象的科学理论、原理深入浅出,在内容、结构、图文等方面精心设计,以通俗化扩大阅读面,实现科普。

(3)艺术巧用　为激发读者兴趣,引人入胜,技术性科普作品可以运用贴切的比喻、艺术手法,新颖词句或概念等,渲染气氛,吸引读者,实现科学与艺术的有机结合。

(二)科技合同、协议

科技合同、协议一般指与科技或经济密切相关的文体。在农业技术推广实践中,常用的科技合同有技术服务、技术开发和技术转让合同等。

标题一般由“合同(协议)类别”加上“合同(协议)”构成,如科研合同、农业技术推广合同等。有时大标题进一步定性后,下面可加上具体项目名称。

1.技术服务合同

技术服务合同包括技术咨询服务、技术辅助服务、技术中介服务和其他技术性服务。

(1)技术咨询服务　指一方聘请另一方担任临时的或常年的技术顾问,或者委托另一方就一定的技术项目提供可行性论证、技术预测、专题技术调查,分析评价报告和意见的技术服务。

(2)技术辅助服务　指技术交易一方委托另一方进行产品设计、工艺编制、工程计算、产品及材料鉴定、理化及生物测试和分析、情报收集、检索和整理,以及计算机服务等技术服务。

(3)技术中介服务　指一方为促成另一方和第三方订立技术合同进行联系、介绍和提供签约机会的技术服务。

(4)其他技术性服务　指一方为另一方培训技术人员,举办技术展览等技术服务。

2.违约责任

(1)因委托方的原因造成影响工作进度和质量的,所付的报酬不予追回,未付的应当如数支付。给受托方造成损失的应当负赔偿损失的责任。

(2)受托方不履行合同,未按时、按质、按量完成工作的,应当免收或酌减费用,给委托方造成损失的,应当负赔偿损失的责任。

(3)其他违约责任。

例 1:技术服务合同书。

封面:

<table><tr><td>
技术服务合同书
……合字(20××)第……号
项目名称:
委托单位:　　　　　　　　　　　　　　　　　　(公章)
(甲方)
承接单位:　　　　　　　　　　　　　　　　　　(公章)
(乙方)
中介方:　　　　　　　　　　　　　　　　　　　(公章)
合同登记机关:　　　　　　　　　　　　　　　　(公章)
合同签订日期:　　年　月　日
　有效期限:　　年　月　日至　　年　月　日
</td></tr></table>

正文:

①项目的内容、范围和要求。

②委托单位可提供的条件及需要服务的方式。

③受托单位的义务和责任。

④履行合同的计划、进度、期限、地点和方式。

⑤验收标准和方法。

⑥违约责任。

⑦成交金额、付款方式和付款时间。

⑧中介方的义务和责任及收取服务费的比例和支付方式。

⑨甲乙方负责人及联系人签字和盖章、联系电话、账号、开户银行。

3. 技术开发合同

技术开发合同包括:委托研究、开发合同,合作开发合同,技术承包。

(1)委托研究、开发合同　指技术交易一方委托另一方进行下列科学技术研究开发工作。

①新技术、新产品、新工艺和新材料及其系统的研制和应用。

②自然资源的利用和开发。

③环境保护和改造。

④引进技术的消化、吸收和创新。

⑤其他技术开发项目。

(2)合作开发合同　指技术交易各方共同投资,共同参与研究开发工作;或技术交易一方以参与研究、开发作为股份向企业进行技术投资、联合研制、开发新产品。

(3)技术承包　技术承包是根据另一方的委托和要求,对科研、设计项目进行包干。技术承包一般以一个工程项目、一个引进技术消化吸收项目等为单元实行承包,承包方全面负责项目的咨询、调研、勘探、工艺设计、施工(或调制)、设备引进、配套、安装调试、操作规程、质量管理体系到人员培训等。

例 2:技术服务合同书。

封面：

技术服务合同书	
……合字(20××)第……号	
项目名称：	
委托单位： (甲方)	(公章)
承接单位： (乙方)	(公章)
中介方：	(公章)
合同登记机关：	(公章)
合同签订日期：　年　月　日	
有效期限：　年　月　日至　　年　月　日	

正文：

①项目的内容及技术要求。

②委托方承担的义务和责任。

③承接方承担的义务和责任。

④履行合同的计划、进度、期限、地点。

⑤验收标准和方法。

⑥技术成果的分享。

⑦风险责任的负担。

⑧违约责任。

⑨成交金额与付款时间、付款方式。

⑩甲乙方负责人及联系人签字盖章、联系电话、账号、开户银行。

4.技术转让合同书

(1)技术转让合同书的内容

①技术成果转让。指新产品、新技术、新材料、新工艺、新设计、生物品种等应用成果，或计算机软件、管理方法、系统分析方法、传统技艺和技术诀窍的转让。

②技术入股。指技术交易方以转让的技术折合成股份向企业进行技术投资，联合开发新产品、共同承担风险、分享效益的行为。

(2)成果的可行性经济分析、预测

①形成产品的经济分析。主要原材料及其来源和价格、产品的原材料成本及综合成本、产品的预期售价。

②形成生产能力的条件。主要设备及投资额、所需动力条件及投资额、所需厂房面积及投资、能形成的生产能力。

③经济效益预测。年产值、年利润、年税金。

(3)违约责任

①技术出让方未按合同规定转让技术或转让技术达不到合同规定的技术经济指标的，除

返还部分或全部使用费外，给受让方造成损失的，应当负赔偿损失的责任。

②受让方无正当理由不按合同规定支付使用费的，应补交使用费和逾期罚款，拒不支付使用费的，必须停止使用技术，交还技术资料，赔偿转让方损失。

③在技术合同有效期内，当事人一方未经另一方同意，擅自将技术转让或泄露给第三方的，除必须停止违约行为外，应当赔偿另一方的损失。该损失额规定为违约方实际获得的非法收入的总额。

④其他违约责任。

例 3：技术转让合同书。

封面：

技术转让合同书

……合字(20××)第……号

项目名称：

技术转让单位：（公章）

（甲方）

技术出让单位：（公章）

（乙方）

中介方：（公章）

合同登记机关：（公章）

合同签订日期：　年　月　日

有效期限：　年　月　日至　　年　月　日

正文：

①本成果应用范围及市场预测。

②成果主要内容和经济技术指标。

③成果的可行性经济分析、预测。

④技术出让方的义务和责任。

⑤技术受让方的义务和责任。

⑥履行合同的计划、进度、期限、地点。

⑦验收的标准和方法。

⑧违约责任。

⑨成交金额与付款时间、付款方式。

⑩中介方的义务和责任及收取中介服务费比例和支付方式。

⑪纠纷和争论的解决办法或名词和术语的解释。

⑫其他有关事项。

⑬甲乙方负责人及联系人签字盖章、联系电话、账号、开户银行。

(三)科技简报

简报，即简短的情况、信息通报，科技简报是指科研、推广、企事业单位内部及其上、下、平级单位之间，用来反映科技领域内的科研动态、推广进展、情况交流、问题调研、信息报道的一种简短文字材料。

1.科技简报的分类

科技简报按其内容可分为以下3类。

(1)工作简报　工作简报是重点反映本部门(单位)科研、推广、生产管理等方面工作情况的定期或常年性简报,如“××市推广工作简报”。

(2)专题简报　专题简报是配合某一专项科技工作撰写的简报,如“超级稻研究进展简报”。

(3)会议简报　会议简报是配合会议而编发的简报,主要反映会议情况(如与会代表的意见、建议、会议决议、纪要等),如“面向21世纪农村发展与推广教育国际研讨会会议纪要”。

2.科技简报的格式

专题简报、会议简报一般是不定期或短期的。科技简报的写作格式,一般由报头、正文和报尾3部分构成。

(1)报头　在首页用大体(粗体)醒目红字写上简报名称,如“××简报(或简讯、动态)”“××情况交流”“××工作通讯”“××参考”等。注明简报密级,如“内部刊物,注意保存”“机密”等,还要写明期号、编印单位、印发日期等。

(2)正文　正文包括标题、按语和正文主体3部分。

标题应醒目、准确,直言主题,一目了然;按语一般用较小字体,对简报内容加以提示、说明、评注。指出要点、重要性或提出要求等;正文主体通常用叙述手法写作,开头用简短文字概括全文中心或主要内容。正文可写一项科研成果、一个事件等,要重点突出、分析得当,序号或小标题分段撰写。

从写作形式来看,简报通常有新闻报道式、转发式(加按语)、集锦式等,可根据内容选择。

(3)报尾　报尾写明简报供稿人(单位)、报送单位、印数等。

3.注意事项

由于简报具有报道及时性、内容针对性、文体简洁性等特点,因此在撰写上应注意以下几点。

(1)选题新颖　简报主题应是科研、推广、生产、工作中最重要、最典型、最新颖的内容。若内容陈旧便失去了简报应有的作用。

(2)材料真实　简报要求实话实说,因此取材要真实,有代表性。只要有利于科技工作,正反两个方面情况均应如实反映,这样才能为领导决策提供有价值的参考。

(3)及时　快报时效性是简报的基本要求之一。只有及时才具有指导现实工作的意义。

(4)简明扼要　简报即简明报道。一般以千字或更短篇幅成文。这也是区别于其他文体的重要标志。一期简报不要求有完整的结构和面面俱到的阐述。要求主题集中,以简练的文字阐明最主要的内容,撰写出最有价值的报道。

(四)科技广告

广告,即向公众告知某件事物,有广义和狭义两种含义。广义指不以营利为目的的广告,狭义则反之。广告具体指以声、像、图、文、实物等为载体,通过大众传播媒介(手段)向公众宣传商品、劳务、生产、经济、科技、消费服务等内容的一种宣传方式。

广告若冠以“科技”二字，即侧重于宣传科技成果、科技信息、科技服务等科技内容。科技广告种类很多，按其表现形式，可以归纳为以下4种类型：文字广告、音像广告、图像广告、实物广告。文字广告主要以书面形式进行宣传。其他3种形式广告，也需要配合恰当的广告词，才能发挥应有功能。因此，科技工作者必须掌握科技广告的写作技能。

广告的宣传目的要求广告文辞应达到引起注意、刺激需求、维持印象、促成购买等要求，因此广告在写作上应具有区别于其他文体的特点。完整的科技广告，通常由标题、正文、标语、随文4部分构成。

1. 标题

标题即广告题目。应简短、恰当、醒目；把最能说明信息的内容简化成几个字写出；其形式不拘一格，可直言其事，也可设置悬念。主要有以下几种形式：

(1)新闻式(报道式)　采用新闻报道标题写法，如“适合××地区种植的冬麦新品种——××试种成功”。

(2)名称式　直接用厂名、产品名称或兼二者作标题，如“××制药厂治疗××新药××”。

(3)提问式(问题式)　以消费者角度，设身处地地指出“为什么”“怎么办”，引发思考，如“×××怎么办?”“如何能使×××?”。

(4)赞扬式　如“××在手，×××不用愁”。

(5)敬祝式　如“××向广大新老用户致敬”。

(6)祈使式　如“××××，欢迎光顾”。

除此之外，标题形式还有记事式、号召式、悬念式、对比式、寓意式、抒情式等，可灵活运用。

2. 正文

正文是广告的核心部分，一般由开头、主体和结尾3部分组成，也有只写主体部分的。正文内容主要起介绍商品(技术)、建立印象、促进购买(采用)等作用，如规格、性能、用途、技术要点、价格、出售(函购、承包转让)方式、接洽办法等。常用的有陈述、问答、散文说明、对比等写作方式。另外，写作时还应掌握消费者心理、市场动向，内容应真实可信，具有使公众见文有求的魅力。

3. 标语

广告标语或广告口号的作用：通过在广告中反复出现，以加深消费者的理解与记忆，形成强烈印象，促进需求。撰写时应简短易记，特点突出。常见的有赞扬式、号召式、情感式、标题式等形式。

4. 随文

主要写明与业务相关的事项，包括单位名称、地址、电话、电报挂号、银行账号、联系人、洽谈办法及有关手续等，以便消费者联系或购买。

广告创作是一项复杂的劳动，需要精湛的制作技巧。通过简短的文字影响人们的思想、行为，使其注意力瞬间集中，留下深刻印象，达到预期效应。科技广告除了应掌握一般广告的写作要点外，有两点不容忽视：一是科学性，即广告不能违背自然、科学规律；二是真实性，即广告内容必须实事求是，不能夸张虚构，否则既毁坏了科技广告的声誉，又失去了科技广告的科学性、严肃性。科技广告应真正发挥扩大科技宣传，促进科技发展的作用。

项目二　农业技术推广演讲

一、农业技术推广语言特点及原则

农业技术推广是一种商品推销活动，通过运用说服、教育、宣传、引导等方式或方法向推广对象——农民，推广新思想、新观念、新科技、新信息的过程。

同一项科技成果，无论是物化型、操作型或知识型，不同的推广人员进行推广效果可能不同。有的农民易于接受，有的则无动于衷。其主要原因是推广人员与农民之间的语言交流、沟通方式、技巧不同所致。因此要想做好推广工作，必须掌握农业技术推广语言特点及原则。

(一)农业技术推广语言特点

由于农业技术推广语言是推广人员与农民交际的工具，其特点应根据推广内容、形式，选择适合农民的自身情况、学习特点及心理期望。具体有以下几点。

1. 易懂易记，简单明了

在推广活动中，无论是科普宣传、技术培训，还是信息咨询、方法示范、巡回指导等，都要求推广语言通俗易懂，容易让农民接受。另外，与学生不同，农民作为成人，负担重，精力分散，记忆力差，因此要求推广语言简单明了，通过精心提炼让人容易记忆。

2. 实用实效，可行易行

向农民推广一项创新科技成果，除了项目本身要与农民生产生活实际紧密联系外，在进行可行性论证和介绍项目技术要点、操作程序、注意事项时，应经过推广人员的语言加工，使科学原理通俗化，复杂技术简单化、“傻瓜化”，易于掌握，可行易行。

3. 生动形象，朴实无华

有些科学原理农民往往难以理解。若运用生动形象的比喻，使其大众化，不仅易为农民接受，而且印象深刻。同时，朴实无华的语言能拉近推广人员与农民之间的距离，消除农民逆反心理，达到推广教育的目的，这也是农业技术推广语言应具备的特点。

(二)农业技术推广语言运用原则

在农业技术推广活动中，要想使语言沟通顺利进行，就应在农业技术推广语言运用上遵循以下原则：

1. 朴实通俗原则

人际交往，尤其是与农民交流，在语言运用上，应注意做到朴实无华、通俗易懂，这是一条重要原则。推广人员应给农民留下态度诚恳，尊重对方，地位、人格平等，不摆架子的良好印象。这样才有利于排除沟通障碍。另外，科学原理、技术问题应尽量使语言大众化。恰当形象地运用贴近农民生产生活实际、大家熟知的比喻等手法，才能收到良好的效果。

2. 深入浅出原则

深入浅出是为了通俗易懂，这两条原则是紧密联系的。有些科学原理、技术原理、推广项目内容等，需要农业技术推广人员根据推广对象、内容及对推广语言的特殊需求，"深入"研究、"浅出"再现。如可编制一些歇后语、顺口溜或运用比喻、引用等手法，使高深理论变为易懂道理，这样才易于农民接受。

3. 科学规范原则

推广语言要朴实通俗、深入浅出，在不违背科学规律前提下进行。通俗并不等于粗俗。农业技术推广是一项科技教育和科技扩散相结合活动。该规范的必须规范，否则会出现错误，造成不应有的损失。因此，在语言运用上，要定性明确、定量准确。如某些药品的使用，在配料用量、技术操作上，不能用"大概是""一瓶盖""一袋烟工夫"等模糊量词，这样很容易出现问题。另外，在投入预算、效益指标、可行性论证等问题上，要实事求是，留有余地。

4. 事实教育原则

实践表明，在诸多农业技术推广方法中，参观示范的效率最高，究其原因，就是满足农民"百闻不如一见"的心理需求。农民在收集、阅读资料等方面仍受条件限制，因此更加注重"用事实说话"。

但有时由于农民人数众多、推广条件有限，不可能完全满足农民"眼见为实"的需求。推广人员在介绍异地项目成果、先进经验时，就必须以试验、示范为依据，要把具体时间、地点、条件、技术措施、结果等交代清楚，使农民身临其境，这样才能达到良好的宣传效果。

二、农业技术推广人员的语言技巧

(一)语言沟通的心理准备与基本技巧

心理学认为，在人们的心理活动中之前形成的心理准备状态对后续同类心理活动有决定作用和定向趋势，即心理定势。心理定势可以成为人们认识新事物、解决新问题的重要心理基础，也可以成为心理阻力。我国经历了 2 000 多年农业社会，因此我国农民无论思维模式还是技术模式，都形成了很多固定观念，农民受心理定势的制约较为严重，所以农业技术推广工作者必须认真应对，排除心理障碍，为顺利沟通奠定基础。基本技巧主要包括如下 4 个方面：

1. 以诚相待，情感贴近

尊重对方，以信任对方求得对方信任，是实现双方情感上贴近、顺利建立正常交往关系的有效措施。

2. 心理换位，设身处地处理问题

推广人员应根据推广对象具体情况做出相应决策。

3. 标新立异，引起对方兴趣

发挥自身优势，提出新问题，以"新"唤"心"。

4. 利用各种关系、条件，缩短距离

如利用行业、地缘、血缘、年龄、性别等，缩短同对方的距离。推广对象只有信任推广人员，才能相信推广内容。

(二)提问的技巧

在农业技术推广活动中，由于种种原因，经常要向别人发问，问的目的是获得满意的回答。

然而有时如问得不当，不但得不到满意的回答，还会惹出麻烦，陷入尴尬境地。因此，推广人员应学会问的艺术。问的技巧主要应掌握以下3个方面。

1. 三看而后问

(1)要看场合　如在场人员组成及关系等，以免引起矛盾或陷入难堪局面。

(2)要看对象　如对方年龄、身份、民族、性格、文化修养等，所谓“见什么人说什么话”，因人而异，才能收到预期效果。

(3)要看(体验)对方心理状况、情绪表现　通过察言观色，并按照写在对方脸上的提示，调整问话方式与内容，掌握好分寸。

2. 以问调控，明确目的

问者处于主动地位，问题抛出后，就应能决定对方说不说，如何说及交谈的气氛。在技术交易、处理纠纷、推广调查过程中，语言的控制力作用非常重要。

3. 正确选择提问方式

(1)要选词恰当　同义异词，语言效果不同。

(2)要选择问句方式　如限制型提问具有较强的目的性，可减少对方拒答或答非所问的可能；选择型提问则比较宽松，对方可随机抉择；婉转型提问可避免出现尴尬局面；若想要让别人按你的意图做事，应采用协商型提问。

(3)要注意调整问话顺序　注意调整问话顺序，以适应人的心理习惯与特定语言环境。

(三)回答的技巧

回答在交际中一般处于被动地位，但如能灵活巧答，就可变被动为主动。主要应掌握以下几点：

1. 认清问题，针对回答

在交往活动中，有些提问可能“醉翁之意不在酒”，这就需要学会使用技巧来解围。比如，农民A用了推广人员推荐的肥料，产量比农民B低。A问推广人员：“B的产量是多少?”这个问题并不是A想知道B的产量是多少，而是想说“为什么我用了你推荐的肥料产量低了”。这时推广人员定要从品种、环境条件和管理方面进行委婉解释。

2. 突破问句控制，灵活机动回答

有些提问形式如限制型提问、选择型提问等，有时需突破问题类型的控制，以另外的方式回答，才能摆脱问话人的控制，取得主动。例如，一个农民问推广人员品种A怎么样，推广人员可以回答“品种B和品种C更适合他的选择”。

3. 巧妙接引，借问回答

有些问题无须详答或不便回答，可借用对方问话方式回答提问或巧妙地“避而不答”“以退为进”或“间接回答”等，这样既不伤和气，又摆脱了对方。例如，在一个推广会上，有农民问“品种A的栽培技术是怎么样的?”因为时间紧迫问题又多，没法给他详细具体讲解，农业技术推广人员可以说“品种A栽培技术和一般品种差不多，如果想了解得更详细，可以会后单独联系”。

三、农业技术推广的演讲

在农业技术推广工作中，演讲是一项经常性活动。农业技术推广人员必须在掌握推广语言特点、运用原则及运用技巧的基础上，将推广内容、沟通内容，通过演讲使其艺术再现，达到推广目的。

（一）演讲稿的撰写

1. 主题的选择

主题是演讲稿的中心论题。演讲应围绕主题展开。每场演讲一般只选一个主题，以便听众掌握重点。主题的选择应考虑适合当地农民生产生活需要及学科学、用科学的心理需求，适合农民科技文化素质。推广项目的宣传应考虑农民的经济承受能力，还应考虑典型性与可行性等。演讲者应全面掌握有关主题的理论依据，并能向听众解释全部演讲内容。

2. 材料的选择

主题选定后，就要围绕主题选择材料。选材时应注意“去粗取精，去伪存真，由此及彼，由表及里”。还应把握材料的真实性、典型性、新颖性、佐证性等。

（1）真实性指材料要尊重事实。

（2）典型性指材料应有代表性，可以推而广之。

（3）新颖性指材料新鲜，属前沿性论题，生动感人。

（4）佐证性指材料应能全方位地论证主题，为表现主题服务。

3. 演讲稿的结构与形式

有了好的主题，丰富的材料，还需要根据其内在联系，将两者有机地结合起来，才能形成一篇好的演讲稿。常见的结构形式有两种，即议论式和叙述式。

（1）议论式　通常采用排列法、深入法、总分法、对比法等手法。

（2）叙述式　通常采用时间法、空间法、因果法、问题法等手法。

4. 语言修辞

应根据农业技术推广语言特点与运用原则，做到用词准确、科学规范，并根据不同场合，掌握语言运用的技巧性。

5. 演讲的开头与结尾

（1）演讲的开头　经验告诉我们演讲的最初 10 分钟，比较容易吸引听众，但能否持久，这就与如何开头有关了。因此，好的开头对整个演讲的成败至关重要。从开头类型看，大致有情感沟通、提出问题、阐明宗旨等。具体可有以下方法提供参考。

①用故事开头。

②以物品展示开头。

③用提问开头。

④用名人的话开头。

⑤用令人震惊的事件开头。

⑥以赞颂的话开头。

⑦用涉及听者利益的话开头。

⑧从有共同语言的地方开头。

总之，演讲如何开头，应因时、因地、因人而异，即兴发挥。

(2)演讲的结尾　有人认为，演讲头难开，尾也难收。好的结尾应该比开头更精彩，使其在演讲的高潮中结束。演讲结尾应把握以下几个要点。

①高度概括主题，使听众加深认识。

②尽收全文，精练结论。

③激发热情，坚定信心，激励行动。

④发人深省，耐人寻味。

演讲结尾虽无定式，但应深刻含蓄，有煽动性，正所谓“结句当如撞钟，消音有余”，给听众以“言已尽、意无穷”的感觉。草草收尾或画蛇添足，都是结尾的大忌。

(二)演讲的临场发挥

有了好的演讲稿，只能说演讲者“成竹在胸”，然而能否“真竹呈现”，还要看临场发挥是否正常。因此可以说，成功的演讲是演讲佳作与临场发挥相结合的结果。要达到这一目的，应掌握以下几方面技巧。

1. 自我心理调节

演讲者的心理素质与临场状态是最重要的主观因素。心理学认为，多数人面对众人讲话时都有羞怯心理，尤其是陌生场合，会出现手足无措、声音颤抖、语无伦次、忘词错句等现象，这就是怯场。克服怯场的有效办法就是树立自信心。当然其基础是对讲稿内容的精通。另外，忘稿时要做到即兴连接，讲错时可不予理睬，当然重要的关键性问题应巧妙补救。

2. 掌握听众心理

听众是一个异质群体，同场倾听，各怀心腹。演讲者要善于察言观色，根据现场听众的反应，及时调整演讲进展，做到详略得当、有的放矢。有时可能备而不用，有时也可不备而谈，可灵活掌握。

3. 正确运用声调

主要包括正确运用音量、音调和节奏。

(1)音量　音量大小因内容而变化。强调、呼吁等情节宜加大；分析原因、交代措施等可低些。

(2)音调　音调指声音的升降，应随情节起伏来调整，以感染听众。

(3)节奏　节奏指演讲节拍的变化，也是演讲内容的艺术再现技巧。平铺直叙的演讲是难以引起轰动效果的。

4. 掌握表情神态

巧用眼神、变换表情及手势助讲，是提高演讲效果不可缺少的要素。演讲者应予掌握，不可忽视。

(三)演讲水平训练与提高

吃尽训练苦，才获成功甜。要想成为演说家，必须苦练基本功，付出辛勤和汗水。基本功训练既要掌握一定原则，又要运用正确的练习方法，才能事半功倍。

1. 基本功训练的原则

基本功训练应掌握的原则主要有以下几点。

(1)虚心学习，博采众长，融会贯通，总结创新，形成自己独特的演讲风格。

(2)持之以恒，知难而进。

(3)不怕失败，不被“嘲讽”“面子”所限，大胆练习，百折不挠。

2. 演讲练习法形式

关于演讲练习方法，常见的有以下几种形式。

(1)单项练习　即将发音、语气、语速、姿势、手势等逐一练习，各个击破。

(2)综合练习　即将单项练习有机协调结合起来，进行综合练习，体会其中原理与技巧。

(3)个人练习　即“没事偷着练”，好处是可以身心放松，寻求最佳形式。

(4)当众练习　练兵千日战时用，个人练习到一定程度后要敢于“公开”，可分两步：首先请家人、亲朋好友倾听，以便纠正“当局者迷”的缺点不足，逐渐完善。然后再公开“抛头露面”，当众演讲。应鼓足勇气，争取首战告捷。以后多多实践，悉心体会，定会使演讲水平日新月异。

模块小结

新形势下现代农业技术推广的主要方式与特征就是目标群体与推广主体之间的信息咨询与沟通。沟通的客体(或媒介)离不开语言和文字材料的运用。在咨询与沟通活动中，目标群体与推广主体可以互为传送者和接受者。然而在现实条件下，由于目标群体受思想观念、科学文化素质、综合接受能力以及信息不对称等诸多因素的影响，沟通中推广主体作为传送者身份出现的情况比较常见。因此，农业技术推广的语言沟通、推广活动相关写作业务就成为农业技术推广人员胜任推广工作的必备技能之一。通过项目学习，除了了解农业技术推广语言的特点与运用原则外，还应掌握语言沟通的策略与技巧。在文字材料的交流与运用上，首先应掌握各种与推广有关的文体写作，包括推广论文与科技论文类、可行性论证、项目申请、技术推广总结、科技合同、科技广告及农业技术科普文章等。在文字表达上应适应目标群体的需要，力求深入浅出，通俗易懂。在开展农村社会教育、农民培训等活动时，需要掌握一定的演讲技能，包括演讲稿和宣传资料的撰写，演讲的临场发挥技巧等。

模块巩固

1. 农业技术推广论文的基本格式有什么要求？
2. 农业技术推广论文选题应遵循哪些原则？
3. 调查报告的主要类型有哪些？
4. 总结报告的基本内容与写作要点包含哪些方面？
5. 农业技术推广人员应当掌握哪些基本的语言运用技巧？
6. 如何撰写农业技术推广演讲稿？

模块十一 农业技术推广工作评价

【知识目标】

通过本模块学习，熟悉农业技术推广工作评价的作用和步骤，理解农业技术推广工作评价的原则和推广成果，综合评价各项指标的含义，掌握农业技术推广工作评价的内容及各项指标定量或定性评价方法。

【能力目标】

能够准确列举出农业技术推广工作评价的内容，具备农业技术推广工作评价能力，能够对农业技术推广工作进行分析、总结和评定。

农业技术推广工作的根本目的在于发展生产力。推广工作评价就是从这一目的出发，对农业技术推广工作进行观察、衡量、检查、考核，看其是否按计划进行，是否达到预定目标，以确定推广工作的结果和价值，总结经验教训，不断改进推广工作。推广工作评价是一种管理手段，也是一种管理方式，是农业技术推广管理工作的一项重要内容。推广监测是指在推广项目执行过程中推广人员与农民一起检查推广计划的实施情况；推广评价是指在项目执行过程中或结束后推广人员与农民一起评估推广项目目标的实现程度。在开展推广项目的监测与评价过程中应该以农民为主体，采用农民能够使用的方法和工具进行。推广项目评价分为过程评价和最终评价，其中过程评价也称中期评估。

项目一　农业技术推广工作评价概述

农业技术推广工作的评价，是对农业技术推广工作及其成效做出科学的价值判断，是农业技术推广工作的重要环节，也是农业技术推广管理的重要组成部分。在农业技术推广工作中，评价围绕推广工作的目标展开，通过评价衡量和明确推广工作的结果是否有显著效益或价值以及与计划目标相符合的程度。在此基础上，肯定成绩，明确差距，找出经验和教训，使推广工作评价起到应有的积极作用。因此，评价不是一般的议论和评说，而是应用科学的方法，依据既定的推广工作目标，在深入调查研究、详细占有资料的基础上，对某个推广单位或某项推广项目进行

二维码 11-1　农业技术推广工作评价的特点

全面系统的分析和论证，达到提高推广技术效益和推广管理水平的目的。

一、农业技术推广工作评价的作用

农业技术推广工作评价是对农业技术推广工作进行全面、系统、准确、科学地分析，其作用主要包括以下几个方面。

1. 评定作用

通过评价可以分析农业技术推广工作的方向、方针、目标与国家发展农业的总方针、总目标的一致性和贯彻程度。依据推广人员发挥作用的程度、推广工作取得的效益、完成推广任务的情况等，指导农业技术推广工作，使其更符合经济和社会发展需要，符合农业、农村经济发展需要，符合农民增收的需要。

2. 提高作用

评价农业技术推广工作完成的程度及其价值，包括：

(1)推广机构发挥整体功能的大小，推广机构内部各子系统工作协调的状况。

(2)推广计划的合理性和可行性，未来推广项目计划和技术更新的依据。

(3)推广工作方式、方法的使用情况。

(4)推广工作教训与经验等。

通过评价达到扬长避短和选优去劣的目的，以便更好地改进推广工作，提高推广工作效率和效果。

3. 管理作用

(1)通过推广工作中人员、经费等方面的评价，可以帮助推广人员端正服务态度，提高工作能力和改进工作作风。

(2)剖析项目经费在推广活动中的使用情况及效果，分清主次，以便准确把握今后推广工作中投资额和经费开支的去向，保证农业技术推广工作总体效益的发挥。

4. 激励作用

通过推广工作评价，可以全面了解农业科技人员、农业科技管理人员的政治思想、业务素质、技术水平、工作表现等情况，为农业技术推广人员的培养、选拔、使用、晋升、奖励提供依据。

5. 宣传作用

通过推广工作评价，使各有关部门能够了解农业技术推广工作的作用和成就，提高对农业技术推广工作重要性的认识，增强全社会的农业技术推广意识，争取社会各方面对农业技术推广工作的关心和支持。

6. 决策作用

通过农业技术推广评价，明确推广工作的决策是否科学，可以为政府部门和农业行政部门进一步制订农业技术推广政策，确定推广工作方针、目标和措施提供科学的决策依据，提高农业技术推广工作的水平与效果。

二、农业技术推广工作评价的原则

农业技术推广工作要从当地实际出发，加强农业的技术改造和革新，推动农业和农村经济向专业化、产业化、商品化、现代化转变，从而使农村经济又好又快地全面发展，改善农民的生存环境，提高农民的生活质量，加快农村现代化的步伐。据此，农业技术推广工作评价应遵循以下原则。

1. 实事求是原则

农业技术推广工作评价是管理工作的延伸，体现了对科学技术进行客观评价的态度和思考方法。在评价过程中，应以严谨的科学态度坚持调查研究，认真听取各方面的意见，切忌简单草率。要认真进行评价，正确反映推广成绩，认真对待缺点和不足，切忌主观和片面。

2. 注重整体效果原则

农业技术推广工作是一项复杂的社会工作，涉及多行业、多专业、多部门，且农业技术推广工作效果后延性较强。各项农业技术措施只是整个农业技术体系结构中的一部分，在实施中只有使新的农业技术组装配套，形成新的技术体系，才能形成综合效益，产生新的生产力。所以，在农业技术推广评价中，要把管理上的科学性、技术上的可行性、经济上的合理性联系起来，进行综合全面的评价，突出农业技术推广工作的整体效果。

3. 经济效益、社会效益和生态效益相统一原则

农业技术推广工作中，在选择并确定推广某项新的技术措施时，不仅要看其技术上的先进性，还要考虑经济上的合理性和后果的无害性。走投资少、见效快、耗能低、效益高和有利于保护生态环境的道路。坚决避免只顾眼前利益，忽视长远利益，只讲经济效益，忽视社会效益和生态效益的错误做法。在注重社会效益和生态效益的前提下，努力提高经济效益，这是农业技术推广工作评价中值得注意的问题。

4. 因地制宜原则

农业生产具有明显的地域性、严格的季节性和多因素的综合性，发展农业生产必须遵循自然规律和经济规律。所以，推广的各项技术措施是否因地制宜，是否符合当地的自然条件和经济条件，是评价农业技术推广工作的一项重要原则。在评价过程中，应注意推广内容必须是生产迫切需要的技术，必须是适合当地自然条件和生产条件，并能发挥技术效益，实现推广目标的技术。评价时要重视技术的先进性，推广的技术要优于原来的技术，以促进生产力的提高，取得较好的效益。还必须考虑技术在本地区的实用性，即实用价值和适用范围，以判定技术的创新性与实用性是否统一。

5. 资料可比原则

有比较才能判断好坏，鉴别优劣，对农业技术推广的效益评价，只有通过一定的比较才能做出结论。互相比较的两个或多个事物，必须有可比性，这样比较的结果才有价值，才有说服力。在进行新技术推广效益评价时，常常使用对比的方法。即以新技术与对照技术（当地原有技术或当前大面积推广技术）进行效益比较。在对两者进行比较时，资料的来源应一致，统计口径应一致，比较的年限也应一致。同时，所比较的事物应该是同类技术，例如不同小麦品种可以比，不同的氮肥类型可以比，而不能以小麦与玉米比、氮肥与磷肥比等。

6. 简明适用原则

推广工作评价的重点是县、乡、村各类农业技术推广服务组织和部门。所以评价的指标、方法、步骤等应简明适用。指标的设置既要全面反映推广成绩，又要便于统计分析。评价方法

应简单具体，可操作性强，易被基层技术人员和管理人员掌握和应用，并逐步达到标准化。评价的步骤应先易后难，先简后繁，先粗后细，先低后高，逐步完善、发展和提高。

三、农业技术推广工作评价的内容

农业技术推广工作涉及面广，需要评价的内容很多。为了突出整体效果，评价内容主要从推广项目、推广内容、推广方法、组织管理、推广效果等方面进行评价。

(一)推广项目评价

根据农业技术推广项目技术要素的组成，将推广项目分为单项技术评价和综合技术评价。不同组合的技术，需要确定不同的评价对象。

1. 单项技术评价

对推广项目中的单项技术推广应用效果进行评价，衡量技术在生产中发挥的作用和增加的经济效益。如生产中的肥、水管理措施评价，可从对作物生长发育及产量的影响，对作物的经济性状等进行调查、统计、分析，做出评价；病虫害防治方法评价，可对作物病虫防治效果进行评价，对病情指数、产量水平、产品质量等进行调查，做出评价。

2. 综合技术评价

对推广项目中的综合技术推广应用效果进行评价，衡量综合配套技术的应用情况及产生的效果。如新品种的推广应用，应做到良种、良法配套推广，需根据品种特征、特性对栽培技术的各个环节进行调查、分析和比较，综合评价配套技术的应用效果。

(二)推广内容评价

1. 推广内容的可行性

(1)推广项目内容是否符合推广项目的来源渠道，即通过国家和省(或自治区、直辖市)科技主管部门、农业主管部门及有关部门审定公布的农业科技成果。

(2)农民在长期生产实践中创造的，有着坚实的实践基础，适应性强，容易推广的先进经验。

(3)科研单位、农业技术推广单位在原技术的基础上进行提高和改进，或由技术推广单位对多方面、多来源、多专业的成果或技术综合组装的成型技术及常规技术的组装配套。

(4)从国外引进的先进成果和技术等。

(5)是否进行了专家论证、试验和示范。

(6)推广内容是否正确可行，配套技术是否合理，应用前景是否广阔。

(7)经过评价，对推广内容做出可行、基本可行、不可行的结论。

2. 推广内容的针对性

技术推广的内容是否从实际出发，适合当地的自然条件、经济条件和经营条件。特别是要看是否突出了影响当地农业发展的主要技术问题。一般可做出针对性很强、强、较强、不强的结论。

3. 推广内容的先进性

与省内、国内、国际技术比较，是否具有先进性(包括综合效益、效率、采用时间早晚、范围等)，是否具有实现人们更高一级要求的效能，而且实用性强。常用国际、国内、省内领先水平、先进水平、一般水平来表示。

4. 推广内容的高效性

推广内容是否具有投入少、见效快、效益高、工省效宏、简便易行的特点，并与农民增收的目标一致，通常用产出与投入的比率进行评价。

5. 推广内容的承受性

推广内容的技术难度与农民接受能力是否相适应，通过示范、培训与广泛宣传教育后，能否被大多数农民掌握和采用，在生产上迅速普及。这一点在经济和技术落后地区应特别注意。评价方法是对经过正确有效的培训教育后的农民进行调查，了解其接受新技术的程度，有多少人参加了新技术培训教育，有多少人学会了新技术，有多少人基本学会了新技术，有多少人学不懂新技术。按他们各占的比例进行评价，用百分比表示。

(三)推广方法评价

农业技术推广方法评价，主要评价在推广工作中所采取的技术路线，包括推广的形式、方法、技巧等。

1. 推广方法的有效性

(1)评价推广方法是否加快了农业技术传播的速度，扩大了应用范围，提高了新技术的普及程度。

(2)评价推广方法是否有助于提高推广效果。

(3)评价推广方法是否能在提高工作效率的同时，做到节省人力、物力、财力，使有限的经费发挥出最大的效益。

2. 推广方法的适用性

(1)评价推广方法是否适应农民的科技、文化水平，是否具有吸引力，并为农民喜闻乐见，达到听得懂、看得见、学得会、用得成，使农民感到满意。

(2)评价推广的技术力量投入是否科学，配合是否合理，技术示范点数量多少，技术推广强度能否保证推广计划指标的实现。

(四)组织管理评价

1. 组织机构设置评价

评价推广组织机构设置是否健全和完善，特别是基层技术推广组织设置是否合理，各级推广组织机构是否保证技术推广职能的有效发挥。

2. 管理制度建设评价

评价各级推广组织机构内部各项规章制度是否健全、完善，能否保证推广工作的顺利开展，能否调动推广人员的积极性。

3. 推广工作安排评价

评价推广部门的工作计划安排是否周密、具体，技术推广工作指标是否明确、重点突出、措施可行。推广计划、推广内容、推广方法所制订的各项工作、技术、效益指标是否与自然条件、生产条件、推广条件相适应。

4. 计划执行情况评价

评价推广工作计划能否按预定计划、步骤有条不紊地执行，全年各项工作能否按计划指标保质保量完成。如在新技术、新成果引进、试验、示范、推广中是否按推广程序办事，重点推广项目进展、落实情况及其效果，常规技术指导是否及时、准确，技术推广体系建设、完善和提高情况，经营服务的开展情况及效益，推广方法、设施和手段的改进、改善情况等。

5. 推广人员评价

推广人员评价主要包括以下几个方面。

(1)评价推广人员构成是否合理，推广人员的岗位职责、任务目标是否明确具体，是否便于检查考核。

(2)评价推广人员的业务素质、工作技能能否胜任岗位职责和达到相应技术职务要求的水平。

(3)评价推广人员的工作态度、工作作风、推广技能的改进与提高的程度，特别是推广工作效益的变化和提高。

(4)评价推广人员的知识更新是否及时、有效，能否适应新形势下的推广工作需要。

(5)评价推广人员之间是否能做到分工协作、团结奋进，综合整体功能能否充分发挥等。

6. 推广整体效能评价

(1)评价推广机构与不同所有制性质的农业科研、教学、推广单位的合作情况。

(2)评价推广机构与社会各有关职能部门的合作情况，如同行政、金融、物资等部门的合作情况。

(3)评价农业系统内部科研、教育、推广的合作情况。

(4)评价推广部门对农业科技信息收集、交流、传播、反馈是否及时、迅速、准确、有效。

7. 推广创新评价

评价推广工作在某一方面的突破和创新，取得了哪些科技成果、工作成果。在工作中还存在哪些问题，发生过什么重大技术失误或技术事故等。

(五)推广效果评价

1. 推广成果综合评价

根据农业技术推广工作计划、目标及实施情况，对推广成果进行综合评价，评价的指标主要包括推广规模、推广度、推广率、推广指数、平均推广速度、推广难度等。

2. 经济效益评价

通过农业技术推广工作的开展，对农业、农村经济发展和农民增收情况进行评价。常用的指标有。

(1)土地产出率　采用推广项目后，单位面积产量、效益的变化。包括种植业单位面积的平均产量、单位面积产出效益和养殖业的单位效益、加工业的单位效益等。

(2)劳动生产率　采用推广项目后，农业劳动力规模经营程度和生产水平高低的变化情况。

(3)农产品市场竞争力　采用推广项目后,农产品的市场覆盖率,农产品质量、价格,绿色食品和无公害食品的数量、比重等。

(4)农产品流通加工率　采用推广项目后,农业产业化经营和农业综合效益的变化情况,包括农产品加工率、农产品流通率等。

3. 教育影响评价

在农业技术推广中,传播农业技术的过程就是对农民实施教育的过程。因此,推广工作的成效在很大程度上取决于对农民教育的效果。

(1)农民对新技术的认识程度　主要评价经过一段时间的示范、指导和培训教育后,农民对新知识、新技术、新成果的态度和认识程度。一般可采用座谈、访问、抽样调查等方法,调查不同层次认识水平的农民所占的比例,分析判断示范、指导和推广培训教育的效果,并预测技术推广工作的难度及主攻方向。

(2)农民操作技能提高的程度　评价在技术推广活动中农民对新技术措施的掌握是否熟练,是否发生过技术事故。评价中要注意农民能否将掌握的操作技能在不同时间、不同地点、不同条件下灵活运用。例如,农民在掌握了水稻旱育壮秧技术以后,看是否有农民会在其他作物育苗中应用这样的育苗技术,有多少农民应用,应用效果如何等。

(3)农民对基本理论理解和掌握的程度　为了进一步了解示范、指导和培训教育效果,不但要了解农民采用新技术、掌握新技术的情况,而且还要对农民理解掌握基本理论的程度做出评价。如评价玉米地膜覆盖栽培技术推广的效果,不但要知道有多少人采用,而且要知道有多少人掌握了技术要点,还要知道有多少人理解了该项技术的基本理论。一般可采用考试或抽样调查的方法进行评价。

4. 社会效益评价

主要是评价新技术推广应用后,是否增加了社会财富,促进了国民经济发展,提高了农民生活质量以及促进了农村精神文明建设。在评价时可从以下几个方面考虑:

(1)增加社会财富　评价推广项目实施后是否促进了当地农村商品经济的发展,促进了社会主义新农村建设,增加了农民收入。

(2)提高农民生活质量　评价推广项目实施后是否满足了社会对农产品的需求,活跃、丰富了城乡市场,改善了农民生产、生活条件等。

(3)优化产业结构　评价推广项目实施后是否促进了农村产业结构调整。如种植业、养殖业、加工业、服务业以及其他行业的变化情况。这些行业的发展能直接提供的利润和税收、安排的劳动力等。

(4)农村精神文明建设　评价推广项目实施后在精神文明建设方面的变化。如农民文化、科技素质提高的程度,农村公益事业的发展,农民文化生活水平、农村人际关系的变化等。

5. 生态效益评价

(1)生态环境的改善　评价推广项目实施是否有利于农业生态系统的良性循环。如减少了环境污染,保护了天敌,控制了水土流失,节约了能源与土地资源等。

(2)农民生活环境的改善　评价推广项目实施对改善农民生活环境的影响。如道路交通建设、环境整治、水资源的保护与利用等。同一推广项目在不同的条件下推广,其效果是不同的。因此,评价农业技术推广工作,应根据不同地区、不同条件下产生的效果进行综合评价。

项目二　农业技术推广工作评价指标体系

在农业技术推广工作评价中使用的指标或指标体系，是衡量农业技术推广项目实施或完成的优劣、效益大小、实施方案和决策目标是否科学等的重要尺度。在评价指标体系中，对有关产值等数量指标，在年度间的可比性往往有所变动，进行比较时均需注意换算成先不变价后，再进行比较。对一些不能进行定量评价的指标，如行为改变的测量等，则用定性方法或定量、定性结合的方法进行评价。

一、经济效益评价指标体系

(一)推广项目经济效益预测指标

1. 新项目推广规模起点

$$项目规模起点=\frac{推广费用总和}{(单位面积新增产值-单位面积新增生产费用)\times 实施年限}$$

2. 新项目推广经济临界点

指采用新项目的经济效益与对照的经济效益的比值，要求经济临界点必须大于1，或两者之差必须大于0。

$$项目经济临界点=\frac{新项目经济效益}{对照经济效益}$$

或

$$项目经济临界点=新项目经济效益-对照经济效益$$

凡新项目的经济效益与对照的经济效益的比值大于1为有效，且越大越好，说明项目经济效益显著。在若干新项目都高于经济临界点的情况下，具有最大经济效益的新项目为最佳项目。这是在若干项同类技术中选择最佳项目的标准之一。

(二)推广项目经济效益指标体系

1. 推广项目单位面积增产率

$$项目单位面积增产率=\frac{推广后单位面积产量-推广前单位面积产量}{推广前单位面积产量}\times 100\%$$

2. 推广项目单位面积增加的经济效益

$$\begin{array}{c}项目单位面积\\增加的经济效益\end{array}=\frac{(推广后总收入-推广后总支出)-(推广前总收入-推广前总支出)}{有效推广面积}$$

$$有效推广面积=推广面积-受灾失收减产面积$$

或

$$有效推广面积=推广面积\times 保收系数$$

$$保收系数=\frac{常年使用规模-常年因灾减产规模}{常年使用规模}$$

根据调查研究得出，在一个省、自治区、直辖市范围内，保收系数可以取0.9，但不同自然经济区，保收系数取值应有所不同。如在旱涝保收地区取值可稍大些，在灾害频繁地区取值应小些。

3.项目总产值

$$项目总产值=单位面积产值\times推广面积(范围)$$

4.项目总经济效益

$$项目总经济效益=项目总增加值-(新增生产成本+推广费用)$$

5.推广年经济效益

$$推广年经济效益=\frac{项目总经济效益}{推广年限}$$

6.推广年人均经济效益

$$推广年人均经济效益=\frac{推广年经济效益}{参与推广的人数}$$

7.农民收益率

$$农民收益率=\frac{单位面积新增产值}{单位面积新增生产费}\times100\%$$

(三)土地产出效率指标体系

1.土地生产率

$$土地生产率=\frac{产量或产值}{土地面积}$$

这项指标反映了单位土地面积的农产品产量或产值。

2.土地生产率提高率

土地生产率提高率是指新技术推广后的土地生产率比对照土地生产率增加的百分率，计算公式为：

$$土地生产率提高率=\frac{新技术土地生产率-对照土地生产率}{对照土地生产率}\times100\%$$

3.单位播种面积产量或产值

$$单位播种面积产量或产值=\frac{某种作物产量或产值}{该作物播种面积}$$

这项指标主要用于评价单项技术或不同作物的经济效果。

4.单位耕地面积产量或产值

$$单位耕地面积产量或产值=\frac{总产量或总产值}{总耕地面积}$$

这项指标主要是综合反映耕地的农业技术水平和利用水平。

5.单位农用地面积产值

$$单位农用地面积产值=\frac{农业(农林牧副渔)总产值}{农用土地面积}$$

这项指标能比较准确地反映农业技术措施效果和土地资源利用状况,经常用于农业技术推广的经济效果评估。

6.单位土地面积纯收入

$$单位土地面积总收入=\frac{农产品产值-生产成本}{土地面积}$$

这项指标反映出扣除物化劳动和必要劳动消耗后的经济效果,表达了土地盈利状况,因而在推广评价中经常用到。

7.总产量

$$总产量=单位面积产量\times推广面积(范围)$$

如果推广项目实施几年,则应先计算每年的总产量,再将这些年的总产量相加。

8.农产品商品率

$$农产品商品率=\frac{总产量-自用量}{总产量}\times 100\%$$

(四)劳动生产率指标体系

1.劳动生产率

$$劳动生产率=\frac{产量或产值}{劳动时间}$$

2.劳动生产率提高率

$$劳动生产率提高率=\frac{新技术劳动生产率-对照劳动生产率}{对照劳动生产率}\times 100\%$$

3.单位时间农业劳动净产值

$$单位时间农业劳动净产值=\frac{农产品产值-消耗生产资料价值}{劳动时间}$$

4. 单位时间农业劳动盈利额

$$单位时间农业劳动盈利额=\frac{农产品产值-生产成本}{劳动时间}$$

劳动时间通常用人年、人工日、人工时来计算。

(五)资金产出率指标体系

资金是农业生产重要的生产要素，农业生产或农业技术推广项目应努力提高投入单位资金所取得的有用效果，资金产出率指标正是为评价这一内容而设置的。

1. 成本产出率

$$成本产出率=\frac{产量或产值}{产品生产费用}$$

这项指标是反映每投入单位成本所能取得的产量(或产值)。

2. 单位农产品成本

$$农产品单位农产品成本=\frac{农产品总成本}{农产品总产量(或总产值)}$$

这项指标反映获得单位农产品产量(或产值)所耗费的成本。

3. 成本利润率

$$成本利润率=\frac{利润总额}{农产品总成本}\times 100\%$$

这项指标反映每投入单位成本所能取得的利润率。

4. 资金产出率

$$资金产出率=\frac{产量(或产值)}{资金占用额}$$

这项指标反映资金产出的效率。

5. 单位农产品资金占用量

$$单位农产品资金占用量=\frac{资金占用量}{农产品产量(或产值)}$$

这项指标反映每取得单位农产品产量(或产值)所占用的农业资金。

6. 资金利润率

$$资金利润率=\frac{总利润}{资金占用量}\times 100\%$$

这项指标反映单位资金占用量所取得的利润。资金利润率根据评价的目的不同可分为总资金利润率、固定资金利润率和流动资金利润率。

$$\text{总资金利润率}=\text{固定资金利润率}+\text{流动资金利润率}$$

$$\text{固定资金利润率}=\frac{\text{利润}}{\text{固定资金占用量}}\times 100\%$$

$$\text{流动资金利润率}=\frac{\text{利润}}{\text{流动资金占用量}}\times 100\%$$

7. 推广项目的产投比

这项指标是指实施某一推广项目的总产值与总投入费用之间的比例，它是评价项目实施的一项重要指标。如实施某一项目产值为 3 000 万元，投入为 100 万元，则产出投入比为 30∶1。

产出包括主副产品及其他收入；投入包括资金、物资和人工的投入。各项均应换算成价值（不变价）进行比较。

二、社会效益评价指标体系

（一）定量指标

1. 劳动力吸引率

$$\text{劳动力吸引率}=\frac{\text{参加生产新增劳动力数}}{\text{原来参加生产的劳动力数}}\times 100\%$$

2. 辅助劳动力容纳率

$$\text{辅助劳动力容纳率}=\frac{\text{参加项目的辅助劳动力数}}{\text{辅助劳动力总数}}\times 100\%$$

3. 社区稳定提高率

$$\text{社区稳定提高率}=\frac{\text{实施前事故数}-\text{实施后事故数}}{\text{实施前事故数}}\times 100\%$$

4. 农民生活水平提高率

$$\text{农民生活水平提高率}=\frac{\text{实施后生活消费额}-\text{实施前生活消费额}}{\text{实施前生活消费额}}\times 100\%$$

（二）定性指标

定性评价指标包括：

（1）项目推广后农村文化、生产及生活的变化，如劳动强度的减轻、食物结构的改变、交流机会的增加、科技小组的建立等。

（2）农村人际关系的变化，如道德修养水平的提高、农民之间关系的密切程度加强、交流的机会增多、与外界联系更加紧密、信息来源及信息量的增加等。

（3）通过项目实施，农民储蓄增加、受教育人数增加、素质提高等。

评价时注意收集资料，可以直接使用数量指标，也可以用百分率进行比较，考察变化结果。

三、生态效益评价指标体系

1.光能利用率提高率

$$光能利用率提高率=\frac{新技术光能利用率-对照光能利用率}{对照光能利用率}\times 100\%$$

$$光能利用率=\frac{生物产量\times 能量系数}{生育期内接受光能总量}\times 100\%$$

2.降水利用率提高率

$$降水利用率提高率=\frac{新技术降水利用率-对照降水利用率}{对照降水利用率}\times 100\%$$

$$降水利用率=\frac{经济产量(kg/hm^2)}{生育期内降水量(mm)}$$

3.温度生产率提高率

$$温度生产率提高率=\frac{新技术温度生产率-对照温度生产率}{对照温度生产率}\times 100\%$$

$$温度生产率=\frac{经济产量(kg/hm^2)}{生育期内总积温(℃)}$$

4.土壤有机质提高率

$$土壤有机质提高率=\frac{项目实施后土壤有机质含量-实施前土壤有机质含量}{实施前土壤有机质含量}\times 100\%$$

5.土壤有益生物提高率

$$土壤有益生物提高率=\frac{项目实施后新增有益生物数量}{项目实施前有益生物数量}\times 100\%$$

6.农药用量减少率

$$农药用量减少率=\frac{项目实施前农药用量-实施后农药用量}{实施前农药用量}\times 100\%$$

7.天敌影响率

$$天敌影响率=\frac{项目实施后天敌数-实施前天敌数}{实施前天敌数}\times 100\%$$

8.土壤流失影响率

$$土壤流失影响率=\frac{项目实施前土壤流失量-实施后土壤流失量}{实施前土壤流失量}\times 100\%$$

二维码 11-2 推广成果综合评价指标体系

9. 秸秆还田率

$$农作物秸秆还田率=\frac{单位面积秸秆还田量}{单位面积秸秆总量}\times 100\%$$

此外，评估生态效益还有水体污染、土壤污染、产品污染以及空气污染、毁林、沙化等指标，应尽可能地多用项目实施前后发生的变化进行对比，用量化指标来说明问题。

项目三　农业技术推广工作评价步骤和方法

对农业技术推广工作做出科学、客观的评价，必须确定能够反映农业技术推广工作过程与效果的评价指标体系，同时采用适当的方法，按照一定的步骤进行，才能保证评价的科学性、准确性和客观性。

一、农业技术推广工作评价步骤

1. 确定评价领域

一个地区或单位的农业技术推广工作要评价的范围很大、内容很多，但是在一定时期、一定条件下，不可能也没有必要对所有工作的全部进行评价，而应是对重点工作、重大科技推广项目及其中关键性技术环节做出准确分析、评价。因此，首先要明确评价对象，确定评价领域范围。例如：是评价某项技术的阶段性效益，还是全程效益；是评价工作计划还是推广方法；是推广管理评价还是推广教育评价等。

2. 制订评价计划

评价计划实际上就是评价方案，包括评价的内容、评价的方法、评价的要求、参加人员、评价时间安排及地点等。

制订评价计划的目的在于保证评价工作有序、顺利地实施。评价计划一般由组织评价工作机构制订。主要内容包括以下几点。

(1)评价的目的和范围。

(2)评价的指标体系和权重体系。

(3)评价的基本方法和要求，包括评价手段、评价计分、评价结果的处理办法、程序等。

(4)评价工作进度及时间安排。

(5)评价领导和评价小组的安排意见。

(6)评价经费预算等。评价的进度和方法要切实可行，易于执行和实施。

评价计划目的任务明确，合理分工并注意协调，评价内容应根据评价的对象使之进一步具体明确，根据评价内容的复杂程度和重要程度，列出参加人员的数目和名单。包括评价人员、推广人员、管理专家、咨询委员、项目参加者、项目负责人及其他有关人员。一般由5～9人组成评价委员会(或小组)，设主任委员和副主任委员各1名。要求参加评价的人员责任心强、作风正派、大公无私、熟悉或了解评价内容。参加人员要有代表性。而后确定评价资料的收集方法，最后根据评价内容多少和工作要求安排出评价时间及评价地点。

3. 建立评价组织机构，确定评价程序

开展县以下农业技术推广单位的农业技术推广工作评价，应在各级主管部门主持或领导下进行，由各级主管部门与有关部门组成县或县以下农业科技推广机构评价领导小组，指导下级机构开展评价工作，并成立由领导、专家、管理人员组成的有代表性、权威性的评价小组，分别开展对省、地、县、乡的科技推广评价和复查工作。

整个评价过程分自查、复查、抽查 3 个阶段进行。县（或乡）一级农业技术推广组织要在主管部门的领导下进行自查。在自查中，要求农业技术推广部门认真学习国家农业科技方针政策、科技改革文件，组织力量针对评价指标逐项进行全面调查、对照，进行自我评价，对有差距的项目，要结合本单位工作进行整顿、改进，并争取领导部门支持，予以加强。自查结束后，由单位写出自查报告，填好有关自查表格，经主管部门审核后报上级主管部门进行审查。上一级主管部门根据实际情况进行复查和抽查。

4. 确定评价指标体系

评价指标体系的设置要根据评价内容和推广工作评价需要确定。遵循科学、全面、实际、简易的原则。

（1）科学　所谓科学，是指评价指标要有明确的概念和确切的反映内容，并符合农业技术经济一般原理。

（2）全面　所谓全面，是指建立的评价指标体系，既要有可比的数值指标，又要有质量和性状等不可比的指标；不仅要反映当前局部和单项技术的效果，还要能够反映长远整体综合技术的效果；各具体指标能够相互补充，为全面、综合评价服务。

（3）实际　所谓实际，是指评价指标体系要建立在目前农业技术推广实际工作的基础上，适合我国现阶段的推广水平。

（4）简易　所谓简易，是指建立的各项评价指标都应容易用数值计算出来，如经济效益指标、技术效果指标、推广规模等；不便定量评价的指标，如推广方法、推广组织管理等，可用百分制打分评判，以便分析比较，提高准确性。

5. 收集资料

这是农业技术推广工作评价的基础性工作，也是根据评价目标收集评价证据的过程。只有取得系统准确的资料，评价工作才能顺利进行。因此，资料收集应以获取满足评价内容的证据需要为原则，灵活掌握和应用不同收集资料的方法，做到切合实际，有的放矢。资料来源有两种途径：一是现成的资料；二是农民行为改变的资料。尤其要注意农民行为改变资料的收集。收集资料的方法有观察、访问、座谈、讨论、试验等。

6. 分析评价

对收集到的资料，根据定量、定性评价的需要，进行分类整理，使调查资料具有集中性和针对性。资料整理的主要工作有：

（1）资料分类　将通过调查研究取得的资料，及时按各级指标内涵对资料进行分类。

（2）资料审核　审核资料的完整性，审查连续性资料是否有遗漏，必要时应采取相应措施，进行追加调查。在审核资料准确性时，发现问题应及时设法予以修正。

对所取得的调查资料，在分类、审核的基础上，按照评价指标体系进行相应的统计分析或定性分析。然后依据资料分析结果，对照既定有关目标或标准，评价人员进行认真、充分地讨论，对评价对象做出客观、公正、准确的评价。

7. 撰写评价报告

评价报告是农业技术推广工作评价的最终结果，也是推广评价工作的结果，是对评价对象做出的结论性意见。评价报告的内容应根据评价的目的、范围、指标提出综合意见，包括农业技术推广的工作成绩、工作特点、工作水平、存在问题及改进建议等。

二维码 11-3 农业技术推广评价人员

整个评价工作结束后，还应写出评价工作总结，包括评价简况、评价过程、评价方法、评价步骤、调查分析情况等，同时提出评价的意见和建议。

农业技术推广评价报告和评价工作总结要求文字准确、严密，结论公正、客观，能指导农业技术推广工作。

二、农业技术推广工作评价方法

(一)评价的方式

1. 单位自评

推广部门可根据评价目标和评价要求，按照评价程序，对评价对象进行评价，并形成一致意见。自评是推广部门自己主持的，其成员对本单位的情况熟悉，对问题和矛盾有身临其境的体验，因而容易产生共鸣和形成统一意见，评价的结论比较接近实际，对工作的指导意义较大。

但由于评价人员对其他单位的情况了解不够，往往容易注重纵向比较，而忽视横向比较，对本单位的深层次矛盾和问题难以发现，这是自评的缺点。所以在自评时，可以组织评价人员到其他单位去参观考察，然后再进行评价。这样得到的评价结论，其可靠性和对推广工作的指导意义会更大。

2. 行业专家评价

由于行业专家具有全面的推广知识和实践经验，对事物的认识比较全面，所以评价的意见比较准确、中肯。加之行业专家来自不同的推广单位，很容易把被评价单位与自己所在单位进行对比，通过多方位的比较，从不同的侧面对被评价单位进行透视和剖析，很容易发现被评价单位推广工作的独到之处，也能发现易被忽视的潜在问题。因此，行业专家针对问题提出的对策和办法，不但针对性强，而且可行性强，其实用价值也高。

3. 专家评价

这是一种聘请推广理论专家、农业技术专家和推广管理专家组成评价小组进行评价的方法。由于专家们的理论造诣较深，又具有丰富的技术推广和推广管理的实践经验，因而对评价对象的透视、剖析较为深刻，能透过现象看本质，能较为准确地抓住事物的积极因素和消极因素，并对其进行全面具体的分析和研究，从而促使被评价单位的领导和技术人员在认识上产生较强的共鸣。

专家评价的信息量大，所提意见中肯，结论客观公正，容易使被评价单位的领导产生紧迫感和压力感，从而推动技术推广工作的开展。

(二)评价的方法

农业技术推广工作的评价方法是指评价时所采用的专门技术手段,评价方法种类繁多,需要根据评价对象及评价目的加以选用。评价方法可分为定量方法和定性方法两大类,各大类又有很多种评价方法,这里只选择几种常用的评价方法进行介绍。

1. 定量评价方法

(1)对比法　农业生产受自然条件、社会条件和经济条件的影响,尤其受自然环境的影响最大。所以对新技术的推广采用,在不同地区、不同自然条件、不同经济条件下,其反映进程和效益也是不相同的。因此,采用对比法时,首先要选择双方在某一问题上的"可比性"。即对比的基础要相同或大致相同;其次要根据评价项目来设立对比的要素指标。例如,劳动力投入的变化、单位面积产量的变化、净增效益的变化、农民们对新技术学习的态度变化、掌握新技能的熟练程度等。在推广项目或新技术实施过程中,将全过程采用的技术措施、生产投入费用等,逐项记录下来,然后进行采用前后的对比或同一要素指标的对比。应用此方法时,应在满足需要、计算方法、计算口径、价格指标、调查时间上具有可比性。

对比法又分为平行对比法和分组对比法。

①平行对比法。平行对比法是把反映不同效果的指标系列并列进行比较,以评定其经济效果的大小,从而便于择优的方法。可用于分析不同技术在相同条件下的经济效果,或者同一技术在不同条件下的经济效果。此法简单易行,一目了然。既可直接对比各方案的技术经济指标,又可利用指标之间的内在联系,做出较深入的分析评价。

②分组对比法。分组对比法是按照一定标志,将评价对象进行分组并按组计算指标,进行技术经济评价的方法。分组标志是将技术经济资料进行分组,用来作为划分资料的标准。分组标志分为数量标志和质量标志。按数量标志编制的分配数列,叫作变量数列。变量数列分为 2 种,一是单项式变量数列,即按变量值大小顺序排列;二是组距式变量数列,即把变量值划分为若干组列出。

(2)综合评价法　这是一种将不同性质的若干个评价指标转化为同度量的,并能够进一步综合为一个具有可比性的综合指标进行评价的方法。综合评价的方法主要有关键指标法、综合评分法和加权平均指数法。

①关键指标法是根据一项重要指标的比较对全局做出总评价。

②综合评分法是选择若干重要评价指标,根据评价标准确定的记分方法,按这些指标的实际完成情况进行评分,最后根据各项指标的实际总分做出全面评价。

③加权平均指数法是选择若干重要指标,将实际完成情况和比较标准相对比计算出个体指数,同时根据重要程度规定每个指标的权数,计算出加权平均数,以平均数值的高低做出评价。

2. 定性评价方法

(1)调查法　评价者直接到现场,通过个别访问、开座谈会、查阅有关资料、田间技术考察等形式,广泛征求农民和有关人员对评价对象的意见和看法。为便于定性、定量评价,在调查前要列出具体明确扼要的调查提纲,编制统一表格。对了解到的情况、意见、数据等具体资料认真做好记录。调查方法有以下 6 种类型。

①全面调查。在被调查的内容单一，涉及调查对象人数较少，人力、物力和时间允许的情况下，应尽可能对整体进行全面调查。

②抽样调查。在受到人力、物力和时间限制，不能进行全面调查时，可采用随机取样的方法，从整体中抽出适量有代表性的对象进行调查。在抽样调查中，由于评价的基础不同，可根据不同类别确定样本的比例进行抽样调查。

③征求意见调查。采用发放调查表的方法向有关单位、人员征求意见，回收调查表进行归纳分析。调查表的设计力求简单、明确、易于回答。可根据调查的内容归类列出等级，调查测量等级可采用定量、定性指标表示，等级的确定应充分考虑范围与效度。

④随机询问调查。在交通要道路口、农村集贸市场和文化、商业、服务业网点等人群集散的地方，随机选择调查对象，针对评价的内容，广泛了解情况，征求意见。为提高调查的准确性和可靠性，一是对回答的问题和数据，要认真分析核对和质疑；二是要尽可能多接触一些调查对象。这种方法简便适用，适合评价新技术采用情况、效果以及推广人员技能、工作态度和作风等。

⑤单位调查。发函到相关单位，调查收集有关情况和数据。调查内容可根据评价的需要进行设计，要求调查内容具体明确，易于用数据回答，便于分析评价。

⑥考试调查。如对推广人员技能进行调查，除了查阅推广人员编写的技术资料，了解其专业知识、技术水平，通过推广人员的推广实践，了解其推广技能水平，调查指导是否正确，对各种推广方法能否熟练掌握和灵活应用外，还可以采用考试的方法进行调查。

(2)会见法　为了对农业技术推广工作中各个问题的因果关系有较清楚的了解，需要当面进行询问，听取各方面的意见，以便做出客观的评价。因此，通常可以采取会见地方领导人、推广人员的同事、农民和推广人员本人等形式，向他们进行全面了解，最好对有目标的和针对性强的内容事先做好准备，以便有的放矢，有助于客观、全面地评价农业技术推广工作。

(3)观察法　观察法是指对自然和社会进行调查研究的方法，通过直观考察，对农业技术推广工作进行直接检查和评价。例如，观察推广工作开展的情况、作物实际生长情况、农民的生活状况等，还可以从中了解以前编写报告的内容与现在直接观察的情况是否相符。又如，举办学习班或技术培训班传播推广项目时，可以观察了解农民对学习班的态度，农民对该推广项目是否感兴趣等。在具体实施中，应将现场情况进行直接观察并记录下来，然后进行综合分析和评价，做出结论或统一意见。要发扬民主，坚持实事求是，切忌主观、片面和断章取义的做法，以免影响评价效果。

(4)自我评价法　推广单位或个人，根据评价内容和评价标准收集资料，对自己的工作情况进行全面总结评定。如依据全年推广工作计划，全面回顾总结各项工作完成的数量和质量，取得哪些经验，存在哪些问题。再如依据某一技术项目实施方案，检查总结该技术项目进展落实情况、工作方法、效果以及农民对该项目的反映等。

(5)总结法　被评价单位或个人在自我评价的基础上，经过核实有关资料和数据，在本系统中同级人员共同参与，按照既定的工作计划目标或标准进行衡量评价，如推广部门半年、全年工作评比会和某项新技术推广总结会等。

3.参与式评价方法

参与式评价是一种调查研究方法，是由一个包括当地人员在内的多学科工作小组采用一系列参与式工作方法，协调和组织当地人参与，了解和收集农村生活、社会经济状况和生产活动、乡土知识等其他有关信息资料，了解有关农业、农村及社区发展问题与机会的一种方法。

(1)参与式评价是探讨历史变化发展的工具　主要有直接观察、资料回顾和分析等，主要用于协助调查者对需要调查的区域的历史和现状有一个大概的认识框架。

(2)参与式评价是探讨空间结构的工具　主要有社区图、资料图、剖面图等，主要用于分析调查地的自然资源、社会经济状况的空间结构变化。

(3)参与式评价是探讨事物时间变化的工具　主要有大事记、季节历、农户日记图、趋势变化图等，主要用于分析与被调查者生产、生活有关的事物随时间的变化趋势，以发现差别。

(4)参与式评价是探讨流动的工具　主要包括物资流动图、资金流动图、信息流动图等，主要用于分析被调查者的物资、信息、资金的流动范围、数量和影响因素。

(5)参与式评价是探讨相互关系的工具　主要包括组织机构关系图、因果关系图和问题树等，主要用于分析被调查者之间的关系；是探讨分类和排序的工具，主要包括排序打分，矩阵打分，贫富分级等，主要用于被调查者之间的分层分析。

模块小结

农业技术推广工作评价是促进农业技术推广进行和实施科学管理的重要组成部分，通过对农业技术推广工作评价的结论可以判断正在进行或已完成的推广工作是否达到了预定阶段性或最终的目标与标准，以便及时地发现推广工作中存在的问题或总结经验，从而改进推广工作和提高推广管理工作的效率，确定推广工作的效果和价值。农业技术推广工作评价体系目前已有很多，针对项目的实际状况既要全面，也要重点突出，具有针对性，这样才能更好地反映推广工作的实际效果，为农业技术推广工作的顺利进展提供可靠的理论依据。

模块巩固

1.为什么要对农业技术推广工作进行评价？

2.农业技术推广工作评价的内容有哪些？

3.农业技术推广工作评价的指标有哪些？

4.怎样根据具体情况选择农业技术推广工作的评价指标？

5.农业技术推广工作评价的步骤是什么？

6.农业技术推广工作评价的方法有哪些？

模块十二
农业技术推广研究与方法

【知识目标】

通过本模块学习，熟悉农业技术推广研究的程序，掌握农业技术推广研究的内容及基本方法，熟悉农业技术推广资料的收集方法，掌握农业技术推广研究的基本方法。

【能力目标】

能够正确针对农业技术推广研究进行选题，能够制订周密的农业技术推广研究方案；具备农业技术推广资料的收集能力，能够熟练运用适当的研究方法进行农业技术推广研究。

项目一　农业技术推广的研究程序

二维码 12-1　农业技术推广研究课题选题的原则

农业技术推广学的研究内容属于社会科学的研究范畴。研究方法通常采用调查研究法和案例研究法；研究程序，一般分为 4 个阶段，即选题阶段、制订方案阶段、实施阶段(即信息收集阶段)和分析总结阶段。

一、选题阶段

选题，即研究者提出研究课题，确定研究题目。课题的题目一经确定，就大体勾画出了研究领域和研究方向。选题恰当与否对研究结果的应用价值影响极大。合适的选题能够取得良好的研究结果。

(一)研究的目的

农业技术推广学主要研究的是人对技术的认知心理和采用特点，所以有效的农业技术推广内容和方法与农业科技意识的提高和行为的改变之间的关系，就成为农业技术推广学研究的主题。这些主题的研究，又与经济发展水平、国家体制、政府政策等密切关联，这就形成了农业技术推广研究的多种视野和目的。一般来说，研究的目的包括探索性研究、描述性研究和解释性研究 3 种。

1. 探索性研究

探索性研究主要有 3 个目的。

(1)仅仅为了满足研究者了解某事物的好奇心和欲望。

(2)探讨开展更为周密的研究的可能性。

(3)发展可用于更为周密研究的方法。

探索性研究在农业技术推广研究中是很有价值的，它适用于一些更持久现象的研究。其缺点是难以对研究课题提供满意的答案，因结论的确定性同抽样的代表性问题有关。

2. 描述性研究

描述性研究主要目的是对情况和事件进行描述。研究者把研究过程中观察到的情形描述下来。例如，对农村家庭主要劳动力文化程度的普查就是描述性研究的范例，其目标就是对农民科学文化素质做正确的描述。

3. 解释性研究

解释性研究即对事物和事件的发生做出解释。

虽然区别这 3 种研究目的很有必要，但应注意到，多数的调查研究是包含着这 3 种目的的。例如，某研究者想对几种新的推广方法做出评价，这一项研究首先包括探索的性质，然后要描述农民对新技术的采用率，最后要解释为什么新推广方法对某种类型的农民比对其他类型的农民更为有效。

(二)研究内容

农业技术推广学的研究内容一般包括 4 个方面。

(1)现代农业技术推广体系的体制机制及创新服务的模式。

(2)农民的生活环境、教育程度、风俗习惯、生产经营规模、家庭劳力状况、经济水平等与农业新技术采用的相关性。

(3)现代农业技术信息的推广途径、方法及有效性。

(4)农民个体采用农业新技术的心理行为机制。

上述研究的内容是研究课题的基本内容，根据调查研究的目的和农村社会生产、生活中存在的实际问题，联系农业技术推广实际，在运用已有的研究成果基础上，因地制宜地选取恰当的具有开拓性的新课题。

二、制订方案阶段

制订周密的研究方案，是使课题研究得以顺利进行，并取得预期成果的重要前提条件，一般应做好下述各项准备。

(一)熟知研究对象，提出研究设想

1. 深入调查，精读文献

课题确定以后，要加深对研究对象历史和现状的了解，使自己对该项研究更有把握。这就需要进一步收集和精读文献资料，还要向研究对象的知情者和有经验的推广人员求教，确定研究课题的焦点，理顺该事物诸因素之间的内在联系，从而选出研究的突破口，筹划研究的具体方法和技术实施路线。

2.提出研究假设

所谓研究假设，是指推广人员在研究方案的拟定过程中，根据掌握的材料，运用已有的科学理论，充分发挥思维想象力和创造力，对所研究的事物的本质和规律，提出一种初步设想。由于是局部的感性认识，而不是对研究对象总体本质的认识，所以只能是一种理论假设，有待于通过研究实践去证实。假设一经提出，研究人员的探索目标就应更为明确，也可以说假设为研究者指明了道路，增强了研究工作的目的性。

(二)制订调查研究方案

1.方案的制订

方案制订的要求是：

(1)制订的方案一定要紧紧围绕研究题目这个中心。

(2)制订的方案要以辩证唯物主义和社会学基本原理为指导思想。

(3)方案要遵循促进社会生产力发展、促进我国早日实现农业现代化的原则。

(4)方案的制订力求全面真实地反映所要研究问题的各个方面。

2.调查研究的内容

(1)调查研究的目的　调查研究的目的是决定调查研究内容和范围的依据，要说明该课题的由来，国内外当前的研究水平，研究问题的焦点在哪里，研究结果对农村发展有什么影响等。研究目的一定要写得明确具体，有针对性地制订调查研究计划，提高调查研究的质量。

(2)明确研究内容　开展研究是通过对某一事物特征的研究结果来推断其总体特征。例如，调查某县各乡镇小麦生产中的资金投放、农用物资使用、用工量、产量、产值等资料特征时，全县资料是总体，各乡镇的资料是研究的样本。至于投放资金、农用物资、用工量、产量、产值等，通常叫作标志资料。

(3)研究方案的拟定　研究方案是研究工作的中心部分。所以，要围绕研究目的，依据研究对象所处的时间、地点、客观条件，从研究因素之间的相互储存、相互联系、发生发展、前因后果等实际出发，提出所要调查或研究的问题，运用社会调查及数理统计原理，进行精心设计。这样，调查研究工作才能做到条理化、具体化，收集到的资料和数据标志才能全面、真实，结果才能令人信服。

(4)制订调查研究表格　调查研究表格是收集原始材料的基本手段之一。它是把需调查或研究的标志项目，按一定的逻辑顺序编排在表格里。利用调查研究表格收集资料是非常方便的，能有条有理地记载所要收集的资料，便于整理和分析。

为了正确填写调查表格，还需要附注上必要的填写说明。因为调查表上列入许多标志项目，每个调查人员的理解可能有很大出入。为了取得一致的资料，对这些标志的概念、计算方法、回答或计算范围以及在填表时需要注意的问题，都必须给予简明扼要的说明和解释。计算方法和待回答的问题应力求简易，还可以举例说明。文字要求通俗易懂，准确清楚。

填表说明的内容不能过多，篇幅不能过长，否则会给人以主次不分或繁杂的感觉，有时会影响调查研究工作的进行。

(5)制订研究工作方案　较大规模的农业技术推广研究课题，必须认真细致地作好调查前的组织工作，包括：研究经费的筹措以及各项开支的概算；培训参与研究的各类人员；到地区或单位宣传该研究课题的意义，求得有关领导和被调查对象的支持，合理配备研究人员以及安排好研究工作进程也是制订计划必须考虑的问题。

三、实施阶段

研究的调查点选定之后，下一步就是如何在调查点上收集资料信息。因此，实施阶段又称为资料信息的收集阶段。它包括资料收集、资料核实及资料整理 3 个方面。

在实施阶段中常用的研究方法有调查研究法、实地研究法和案例研究法等。

四、分析总结阶段

研究程序的最后阶段是从所获资料中得出结论，即分析总结阶段，包括资料分析、假设检验和撰写研究论文或报告 3 个方面。

1. 资料分析

对于数据资料，可以运用数理统计方法对样本进行数量分析，揭示其数量特征，据此去推论样本总体的数量特征，再用文字简要地概括和解释。

对于文字资料，可以运用归纳、比较、推理等逻辑学原理，对收集的样本资料加以分析，找出各样本间的共性、个性以及彼此之间的内在联系或因果关系，确切地反映出研究对象的全貌和本质。

2. 假设检验

调查研究是从假设开始的，反过来还需要运用调查资料来验证所提出的假设是否能成立，并上升为新的理论。所以在检验假设时，务必要根据所得资料，客观、科学、实事求是地进行分析，对调查研究结果进行解释。最后确定假设能否成立，新理论能否诞生。

3. 撰写研究论文或报告

研究论文或报告是整个调查研究工作的总结。研究者通过报告（或论文）向社会展示自己的研究成果。撰写报告（或论文）首先要考虑读者对象，对象不同，写法差别很大。

（1）写给政府或决策机构的，要求层次分明，简明扼要，有结论，有建议。

（2）写给群众看的，要通俗易懂，说理清楚。

（2）写给院校师生和科研单位的，对研究方法、结果分析与问题讨论等，一定要交代清楚。

项目二　农业技术推广资料收集方法

农业技术推广资料的收集是农业技术推广研究工作中的一个重要环节。借鉴社会学和管理学等学科的研究方法结合农业技术推广实际，本项目主要介绍观察法、问卷法、访谈法、量表法与民意测验法等常用的资料收集方法。

一、观察法

(一)观察法的含义与分类

观察法是研究者有目的、有计划地在自然条件下,通过感官或借助一定的科学仪器,考察并描述研究对象的方法。观察法可以从以下 4 个方面进行分类。

1.从观察的场所来看

从观察的场所来看观察法可分为农业技术推广实验室观察和实地观察两大类。

(1)农业技术推广实验室观察　农业技术推广实验室观察通常在具有单向透镜、摄像机、录音机等设备的农业技术推广实验室中进行。农业技术推广实验室观察常常是为了了解人们某些具体、细微的行为特征,这些行为特征是作为命题中概念(或变量)的指标被观察的。正因为如此,农业技术推广实验室观察常采用结构式观察的形式来进行。

(2)实地观察　实地观察则是在自然的环境中进行的观察,即在实际的社会生活中进行的观察。这种观察的目的在于详细地了解行为的过程和特征,理解被观察者的行为动机和价值规范。有的农业技术推广实验游戏被用于心理治疗,让实验对象在游戏中释放自己的感情,使他们的精神压力得到缓解。农业技术推广实验观察还在其他领域中得到应用,如通过模拟测验、模拟会议或处理文件来观察实验对象的素质和能力,以这种方式考核和选拔人才。

2.从观察者的角色来看

从观察者的角色来看观察法可分为局外观察和参与观察两大类。

(1)局外观察　局外观察也称为非参与观察,观察者置身于所观察的现象之外,“冷眼旁观”农业技术推广研究对象的活动和表现。它可用来研究某些公共场所或某些公众活动中的人们的行为和表现。比如有的社会学家为了研究人们光顾书店的目的性,就在书店内选择一个既便于观察又不引人注意的位置,按照事先准备好的观察记录表,对进入书店的人的行为特征进行观察。结果表明,女性顾客比男性顾客在书店中的行为更具有目的性。

(2)参与观察　参与观察是指观察者亲自参与到所观察的社会现象和社会生活中,在自身成为社会生活各种活动的一员的同时所进行的观察。这种观察的目的是全面、深入地描述某一特定的农业技术推广研究对象。比如到工厂和农村,边参加实际劳动边进行观察,或生活在某一社区中观察等。

3.根据观察程序的不同来分

根据观察程序的不同可把观察法分为结构式观察和非结构式观察两大类。

(1)结构式观察　结构式观察即观察者事先确定观察样本和观察项目,并设计记录观察结果的指标。它建立在对所观察事物深入了解的基础之上,并设计严格的记录表格,对资料进行准确的分类、记录和编码。

(2)非结构式观察　非结构式观察没有先期具体要求,一般只要求观察者有一个总的观察目的和要求,或一个大致的观察内容和范围,但是并没有明确的研究假设和具体的观察内容与要求,也不是仅专注于某些特定的行为与现象,而是要到现场去根据当时环境和条件的变化随时进行观察内容和观察角度的调整。此法比较灵活,简便易行,但无法进行定量分析和严格的对比研究,主要用于对观察对象的定性分析。

4.根据观察对象的不同来分

根据观察对象的不同可将观察法分为直接观察和间接观察两大类。

(1)直接观察　直接观察即对那些正在发生、发展和变化着的人们的行为进行的观察。即农业技术推广研究者当时亲眼看见人们的行为举止,目睹正在发生的各种事件和过程。直接观察的局限性主要在于观察者或观测工具对被观察者的影响。

(2)间接观察　间接观察主要是对人们行为以后、事件发生以后所留下的各种痕迹的观察。间接观察需要通过某些中介来观测调查对象。例如,通过观察学校课桌上涂写的内容和数量,可以用来分析学生思想情操和道德观念等。

在以上 4 种分类中,各种不同类型的观察方式之间存在着一定的联系。例如,农业技术推广实验室观察总是局外观察,并且常常采取结构式观察的形式;参与观察显然是实地观察,并且常常采取非结构式观察的形式。

(二)观察法的要求

观察的一般要求如下。

(1)养成观察习惯,形成观察的灵敏性,集中精力、勤奋、全面、多角度进行,观察与思考相结合。

(2)制订好观察提纲。观察提纲通常是观察者使用,应力求简便,只需列出观察内容、起止时间、观察地点和调查对象即可。为使用方便还可以制成观察表或卡片。

(3)按计划(提纲)进行观察,做好详细记录,最后整理、分析、概括观察结果,得出结论。

(三)观察法的作用

在科学农业技术推广实验和调查农业技术推广研究中,观察法具有扩大人们的感性认识、启发人们的思维、引导新的发现等方面的作用。

(四)观察法的优缺点

1.观察法的优点

观察法的优点主要是:

(1)能通过观察直接获得资料,不需其他中间环节。因此,观察的资料比较真实。

(2)在自然状态下的观察,能获得生动的资料。

(3)观察具有及时性,能捕捉正在发生的现象。

(4)观察能收集到一些无法言表的材料。

2.观察法的缺点

观察法也同其他科研方法一样,有自身的局限性。其缺点是:

(1)受时间的限制　某些事件的发生是有一定时间限制的,过了这段时间就不会再发生。

(2)受观察对象限制　例如,研究青少年犯罪问题,有些秘密团伙一般是不会让别人观察到的。

(3)受观察者本身限制　一方面,人的感官都有生理限制,超出一定限度就很难直接观察;另一方面,观察结果也会受到主观意识的影响。

(4)观察事物的局限性　观察者只能观察外表现象和某些物质结构，不能直接观察到事物的本质和人们的思想意识。

(5)观察面积有限　观察法不适用于大面积调查。

二、问卷法

问卷法是运用统一设计的问卷，利用书面回答的方式，向被调查者了解情况并收集信息的方法。问卷法是现代社会农业技术推广研究中最常用的资料收集方法，特别是在调查农业技术推广研究中，它的使用更为普遍。因此，美国社会学家艾尔·巴比称"问卷是社会调查的支柱"。而英国社会学家莫泽则说"十项社会调查中就有九项是采用问卷进行的"。可见农业技术推广研究者对问卷法的评价之高。

1. 问卷的类型

问卷法是以问题为导向，用调查者事先统一设计的问卷，利用面对面或信函以向调查者提问的方式收集信息。问卷法是现代社会学研究中最常用、最普遍的资料收集方法。研究者可以利用问卷法获得的资料，用统计方法处理，进行定性或定量分析，得出研究结论。

问卷一般分为自填式问卷和访问式问卷两种类型。自填式问卷是由被调查者本人填答的问卷。访问式问卷则是面对面由访问者根据被调查者的回答填写的问卷。

这两种类型的问卷在设计程序、设计原则、内容与结构等方面都是相同或相似的，只是在设计方法与使用方法上有一定的差别。

2. 问卷题型的设计

当进行一项推广调查工作时，调查的目标可能是发现了某种问题，了解现状或是测定某种技术使用后的效果。在推广调查中通常可以使用 3 种变量类型，即定类变量、定序变量和定距变量。

假设有一份种子调查问卷，其内容如下。

例 1：请问您是否使用新品种？

A. 是□　　　　否□

B. 是的话，请问是什么品种？ ________________

这是属于定类变量的问法，"是"和"否"是互斥的两件事，由被调查结果我们可以得知，"是"和"否"的比例。这种比例通常以百分比表示。对于品种的比例也是一样。

由于定类变量间的项目都是不同性质的，项目与项目之间没有任何必然的关系。从定类变量询问里所能做到的只是一种不同性质的定性分析，比例大的部分，就表示其影响力和重要性比较大。

例 2：请问当初你选购新品种(或将来选购)时，认为新品种的什么特点最重要？

高产□　　　　稳产□　　　　省水□

抗病□　　　　省肥□　　　　省力□

上述这个问题，可以用定类变量处理，也可用定序变量处理。用定类变量时，要规定被调查者选择一个答案，才可以计算各项答案的百分比。但用定类变量方式，会使被调查者顾此失彼，不能完全表达意愿，因为农民所要求的利益，多多益善，这是普遍的心理。如果用定序变量时，被调查者便可自由地做多项选择，然后根据各项答案被选择次数的多少，便可统计出各项要素重要性的程度。

例 3:请问你是否想购买新品种?

很想买□　　想买□　　不一定□　　不想买□　　很不想买□

例 4:请问你觉得新品种的价格如何?

很贵□　　有些贵□　　公道□　　便宜□

定距变量是同质间的程度研究,如例 3、例 4 两个题目。假设例 3 所得的结果见表 12-1,例 4 的结果见表 12-2。这种结果,就定类变量和定序变量而言,不具有任何意义,因为次数完全相等,没有显得特别不同的农业技术推广项目。但是若将两题目交叉,每一个变量均具有二维数据结构时,其意义便有很大差异(假设其结果如表 12-3 所示)。

表 12-1　假设"请问你是否想购买新品种"的调查结果

项目	很想买	想买	不一定	不想买	很不想买	合计
次数/次	100	100	100	100	100	500
百分比/%	20.00	20.00	20.00	20.00	20.00	100.00

表 12-2　假设"请问你觉得新品种的价格如何"的调查结果

项目	很贵	有些贵	公道	便宜	合计
次数/次	125	125	125	125	500
百分比/%	25.00	25.00	25.00	25.00	100.00

表 12-3　例 3 与例 4 定距变量的调查结果

项目	很想买	想买	不一定	不想买	很不想买	合计
很贵	0	0	15	30	80	125
有些贵	0	20	35	50	20	125
公道	20	50	35	20	0	125
便宜	80	30	15	0	0	125
合计	100	100	100	100	100	500

三、访谈法

访谈法是访问者与被访问者通过面对面的接触和有目的的谈话,以寻求农业技术推广研究资料的方法。访问者通常按照事先设计好的题目、词句和内容,有程序地与被访问者进行交谈,利用面对面的交互刺激作用,从而了解被访问者的相关现状、心理与行为。

(一)访谈法的分类

1. 根据在调查访谈时的控制程度不同分类

根据在调查访谈时的控制程度不同,访谈可以划分为结构型访谈、半结构型访谈和非结构型访谈 3 种类型。

（1）结构型访谈法　结构型访谈法又称标准型访谈法，分为两种形式：一种是访问者按事先拟好的访问大纲，对所有被访问者进行相同的询问，然后将被访者的回答填写到事先制好的记录表格中；另一种是将问题与可能的答案印在问卷上，由被访问者自由选择答案。

（2）半结构型访谈法　半结构型访谈法又称半标准型访谈法。这种方法将要问的有关问题交给被访问者，访谈的框架是明确的，但不设固定的问题顺序，在访谈的过程中会更自然融入参与式的方法，从而使农业技术推广人员和被访者就某一主题能够进行更多、更轻松的交谈。使用这种方法访谈时，比较随意、方便，易于得到被访者的配合。

（3）非结构型访谈法　非结构型访谈法又称非标准型访谈法。这种方法是指事先不设定表格，也不按固定的问题顺序去问，自由地交谈，适合探索性农业技术推广研究。它分为引导式访谈、谈话式访谈、非引导式访谈。

2. 根据访谈对象的特点分类

根据访谈对象的特点，访谈可以分为个体访谈、主要知情者访谈、小组访谈和焦点小组访谈 4 种类型。

（1）个体访谈　个体访谈是针对单一访谈对象的访谈，具有开放性、对话性和双向交流性等特点。个体访谈的目的是要从选定的访谈对象中获取特定质量和数量的信息，通过对所获信息的分析，对某一事件或推广活动进行理解并提出假设。通常在选择访谈对象时，应注意访谈对象类型的多样性。

（2）主要知情者访谈　主要知情者访谈是对熟知调查农业技术推广研究内容的主要知情人进行的访谈。主要知情人不一定是领导，做过不同农业技术推广试验的农民和了解某一方面主要情况的人以及了解社区内部情况的外来者等都可能成为有价值的主要知情者。主要知情者访谈的目的是为将来全面测试或为进一步进行农业技术推广研究准备问题、假设和建议，为农业技术推广项目的规划和决策制订提供描述性的信息，解读量化资料，就一些特定的观点和问题提出建议。

（3）小组访谈　小组访谈是针对农业技术推广研究中某一特定人群所进行的访谈，主要目的是了解某一推广项目或活动的一般情况并做出假定。访谈小组成员应精心选择，要有代表性。小组一般 7～12 人为宜。农业技术推广人员应具有相关的背景知识和实践经验，具有熟练地驾驭小组访谈的能力和经验，在访谈中给参与农业技术推广的人员营造平等的发言和讨论机会。

（4）焦点小组访谈　焦点小组访谈法源于群体疗法。焦点小组一般由 10 人左右组成，在一名主持人的引导下，参与者对某一主题或观念进行充分和深入的讨论，从而探知和理解人们心中的想法及其原因。访谈前需要花一定的时间做好准备工作，包括对访谈主题的基本情况分析、题目以及筛选访谈对象等。农业技术推广人员需要熟悉相关领域的理论和实践，具有一定的协调能力、语言沟通能力以及举行访谈会议的经验。作为小组访谈的一种，其操作与小组访谈相同，但焦点小组访谈在内容上更强调某一特定的主题，如教育与农业技术推广、环境与农业技术推广、贫困与农业技术推广等。当推广机构需要对农业技术推广项目设计的观点或假设在基层进行质证和获得反馈信息时，或者为了解在农业技术推广项目规划、实施和评估中有关各方（如受益者、实地工作者和农业技术推广项目官员等）的态度、想法、行为和存在的问题时，经常要使用焦点小组访谈方法。

二维码 12-2　使用访谈法的关键问题

四、量表法与民意测验法

量表法是量表调查法的简称，主要是调查人们的主观态度。量表法与问卷法有许多相同处理方法，即它们都是运用结构化询问问题的方式收集资料，并且使这些资料都能够进行统计汇总，但在某些方面又与问卷法不同。民意测验的基本形式与问卷法相似，但在选择抽样方法、设计问卷等方面，又具有许多不同于一般问卷调查的特点。民意测验实际上是问卷调查的一种特殊形式。

（一）量表法

在农业技术推广调查中常常需要测量农民的态度、看法、意见、性格等主观性比较强的内容。这些主观性的内容一方面具有潜在性的特征；另一方面其构成也比较复杂，一般很难用单一的指标进行测量。因此，为了达到测量的目的，常常需要借助于各种量表。

1. 量表的作用

量表是农业技术推广研究中广泛应用的一种测量工具。其主要作用在于测量复杂的概念。由于农业技术推广研究者所研究的很多概念不可能只用一个单独的指标来测量，因而人们创造出各种量表来达到测量的目的。

2. 量表的分类

量表可以根据它的测量内容来分类。在研究中，量表不仅限于测量人们的态度，还可用于测量人们的能力、智力、性格、工作成绩、社会地位、生活水平等。因而可区分出态度量表、能力量表、智力量表、人格量表等类型。

量表还可以分为调查量表与测验量表，它们分别用于问卷调查和测验中。在问卷调查中，使用量表的主要目的是要精确了解总体的状况。例如，问卷调查中的"政治态度"量表是要通过对个人政治态度的统计汇总来了解各类人的政治态度，它的分析重点是群体而不是个人。而在测验中通常要精确观测个人的某一特征（如智力、能力、成绩），它的分析重点是个人，因此量表设计要严格、精确且具有较高的信度和效度，这就需要设计大量题目。与此相反，问卷调查中的量表题目较少，效度不要求很高。

（二）民意测验法

在农业技术推广调查中，民意测验法是一种了解农民对某些政治、经济、社会问题的意见和态度的调查方法，其目的在于通过对大量的样本的问卷调查来精确反映社会舆论或一般民意动向。民意测验也称民意调查或舆论调查。民意测验所调查的内容主要是被调查者的主观愿望、意见和态度，而不是某种客观存在的社会事实；不是被调查者个人的单独意见，而是要将一个个被调查者的意见综合起来，通过统计学的方法显示出被调查者总体的个人倾向，即反映的是一种"民意"。

1. 民意测验的主要特点

民意测验是一种间接的书面调查，是问卷调查的一种形式。但是民意测验又不是一般的问卷调查，它本身具有以下显著的特点。

（1）民意测验的选题意义重大　民意测验的选题是农民关心和熟悉的热点问题，只有成为农村社会舆论中心的问题，或是人们熟知的问题，才能形成“民意”，才需要测验。反之，如果选择那些人们毫不关心或不甚了解的问题进行民意测验，就不可能得到有价值的信息。

例如，您对本次农业技术推广工作如何评价？（请在括号内打√）

A. 非常得力，成绩巨大（　　）

B. 开端良好，任务艰巨（　　）

C. 影响很大，效果很小（　　）

D. 还不清楚，看看再说（　　）

E. 无可奉告（　　）

（2）民意测验的问题要简练和集中，问题不宜过多　每次民意测验，最好只有一个主题，一般不超过 40 个问题，回答时间应该控制在 20 分钟之内，在设计问题时，应突出“民意”，即以观点、意见、看法、建议、态度、情感等主观认识和感受为主要内容。

（3）提问和回答方式要简明扼要　一般不宜采用开放式回答方式，而宜采用封闭式或半封闭式回答。选择回答的答案要尽可能少，且应设计“无所谓”“不知道”之类的选项，以便使持这种态度的人或不了解情况的人能如实表达自己的看法和感受。

（4）必须讲究实效性　这是因为民意是在不断变化的。一个重大事件的发生，一个重要问题的处理，往往会使社会舆论在短短的几天内发生显著甚至根本的变化。如果民意测验总是落在社会舆论的后面，那就失去了民意测验的意义。

2. 民意测验的程序

民意测验实际上是一种问卷调查。它的主要步骤是：确定调查主题，确定调查对象和抽样方案，设计调查问卷，发放和回收问卷，对调查资料进行统计分析。

3. 民意测验对象的确定

（1）民意测验的对象要少而精　根据统计学原理，抽样调查结果的精确度是与样本数量的平方根成反比的。按正、反意见各占 50％进行计算，误差范围与样本大小的关系见表 12-4。

表 12-4　误差范围与样本大小的关系

误差范围	10	9	8	7	6	5	4	3	2	1	0.1
样本数量	100	124	156	204	278	400	675	1 111	2 500	10 000	1 000 000

（2）民意测验对象的确定　民意测验对象的确定一般采用多层随机抽样的方法，其具体办法是识别总体，产生包含所有抽样单元的抽样框。抽样框是用来代表总体并从中抽选样本的一个框架。随机原则必须自始至终贯穿在民意测验的整个过程中，否则民意测验将会功亏一篑。其中，抽样框的完整性是样本选取能遵循随机原则的基础。例如，以一个地级市为抽样框，第一个步骤要通过各区占市人口比例来确定各区需要的样本数；第二个步骤要通过各区管辖的街道、乡镇数量来确定各街道、乡镇所需样本数量；第三个步骤要根据街道、乡镇管辖的居委会村委会的数量来确认居委会、村委会的样本数量；最后在村委会中通过随机抽取的方法获得样本。在访问阶段如果遇到拒访、无人或不符合访问条件，应由下一个样本户替代。在抽取村委会过程中，根据配额选取指定重点区域的受访样本。

4. 民意测验中调查问卷的设计

民意测验的问卷一般比较简单，提出的问题较少，并且这些问题一般是被调查者熟悉和易于回答的。问卷设计好之后，有时还需要做试调查，以检查问卷中存在的问题，修改之后再进行正式调查。民意测验可以采用调查农业技术推广人员面访、集体分发自填、邮寄、电话询问等方式。有的民意测验还可以采用街头面访、在报纸杂志上印发等方式。在这样的方式中应注意农业技术推广研究总体和样本代表性的问题。

项目三　农业技术推广研究的基本方法

农业技术推广研究方法借鉴了行为科学、管理学以及其他相关学科的研究方法。行为科学和管理学的研究方法很多，结合农业技术推广实际，本项目主要介绍实验研究法、调查研究法、个案研究法、文献研究法和行动研究法等农业技术推广研究的基本方法。

一、实验研究法

实验研究法是实验者有目的地严格控制或者创设一定的条件引起某种行为的研究方法。实验研究的目的是建立变量间的因果关系。通常农业技术推广研究者预先提出一种因果关系的尝试性假设，然后通过农业技术推广实验操作来进行检验。

(一)实验研究法的基本原理

实验研究法的基本原理：即首先以一个理论假设为起点，这个假设是一种因果关系的陈述，它假定某些自变量会导致某些因变量的变化。然后进行如下操作：

(1)在农业技术推广实验开始时对因变量(y)进行测试(即前测)。

(2)引入自变量(x)，让它发挥作用或影响。

(3)在农业技术推广实验结束前再测量因变量(即后测)。

(4)比较前后的差异就可以检验假设。如果没有差异，就说明自变量对因变量没有影响，从而推翻假设。

如果有差异，则可证实原假设，即自变量对因变量有影响。为了排除其他因素的影响，通常将受试者分为两个组：农业技术推广实验组和控制组。这两个组是随机选派的，它们的所有特征和条件都相同，只不过在农业技术推广实验中，农业技术推广实验组受到自变量的影响，而控制组则未受到这种影响。

(二)实验研究法的特点及分类

1. 实验研究法的特点

(1)主动性　观察与调查都是在不干预研究对象的前提下去认识研究对象，发现其中的问题。而实验却要求主动操纵实验条件，人为地改变对象的存在方式、变化过程，使它服从于科学认识的需要。

(2)控制性　科学实验要求根据研究的需要，借助各种方法技术，减少或消除各种可能影响科学性的无关因素的干扰，在简化、纯化的状态下认识研究对象。

(3)因果性　实验以发现、确认事物之间的因果联系为直接宗旨和主要任务，本质上是按因果推论逻辑设计与实施的，它是揭示事物之间因果联系的有效工具和必要途径。

2. 实验研究法的类型

(1)实验室实验法　实验室实验法是在实验室内借助各种仪器严格控制外界条件来进行的实验方法。行为科学较少采用实验室实验法。

(2)自然实验法　自然实验法是在日常情况下，适当控制条件，结合正常业务工作进行的实验方法。霍桑试验中的照明试验就是自然实验法。

运用实验法研究人的行为，一般把被调查者分为实验组和控制组。受到条件控制的组叫作实验组，未受到条件控制的组称为控制组。分组的目的是实验后将两组所得结果进行对照，以便找出实验变量和控制变量的关系。如霍桑实验中的照明实验就是要找出生产率和照明度的关系。

二、调查研究法

调查研究法是农业技术推广研究中常用的一种研究方法，是在观察法、问卷调查法、访谈法等方法收集资料的基础上，系统、直接地对取自某一研究对象或样本的信息进行分析，从而认识该研究对象的社会现象及其规律的研究方法。

(一)调查研究法的特点

二维码 12-3　社会调查的内容

与实验研究法相比，调查研究法不能对变量进行控制和操纵，难以直接得出变量之间因果关系的结论，但由于其直接从调查对象处获取资料，并不干涉事件的过程，只要能获取调查对象的合作，在大量调查的基础上，反而能得出自然、真实的变量关系和事件描述。调查研究法可以用于描述性、解释性和探索性的研究中。在调查研究法中，根据研究对象的特点和调查范围，可以采用全面调查、定点调查和抽样调查等调查方法。在调查研究的基础上，可以借鉴管理科学研究中常用的多种定性与定量分析方法。

(二)调查研究法的分类

1. 按照收集资料的具体方式和依据工具的不同分类

按照收集资料的具体方式和依据工具的不同，可以将调查研究法划分为访问调查法、调查表法、问卷调查法、观察法和测量法等。

(1)访谈法(访问调查法)　访谈法是访问者通过上门访问研究对象或利用电话直接与研究对象交谈，根据获取所需要的资料进行研究。

(2)调查表法　调查表法是调查者以编制好的表格作为收集资料的工具发给调查对象，让他们依照表上的项目一一填写，根据获取所需要的资料进行研究。

(3)问卷调查法　问卷调查法是调查者运用事先设计好的问卷向被调查者书面了解情况或征询意见，根据获取所需要的资料进行研究。

(4)观察法　观察法是研究者通过自己的感觉器官或借助仪器设备，实地观察所研究的对象或现象，根据获取所需要的资料进行研究。

(5)测量法　测量法是研究者以测量表或一定的测试题对研究对象进行测验、获得研究对象心理素质方面的资料并加以研究。

2. 按照调查对象的选择范围分类

按照调查对象的选择范围，调查研究法可分为普遍调查、抽样调查、个案调查、偶遇调查和专家调查等。

(1)普遍调查　普遍调查是对研究对象的全体无例外地全部进行调查。其优点是调查资料具有全面性和准确性。

(2)抽样调查　抽样调查是按照随机的原则从研究对象全体中抽取部分个体作为样本进行调查，以便能够通过样本的情况来推测全体的情况。

(3)个案调查　个案调查是专门对某一对象或某一事件进行调查。

(4)偶遇调查　偶遇调查也称随意调查，它与抽样调查一样只调查全体研究对象中的部分个体。但不同的是，偶遇调查并未经过科学的方法随机选择调查对象，因而当所得资料用于反映总体情况的时候，可能存在较大误差。

(5)专家调查　专家调查法也称德尔菲法，是国外一种比较流行的方法。它也是部分调查，只是其调查对象是与研究课题有关的专家、学者。

三、个案研究法

个案研究法也称个案法，是对某一个体、群体或组织，在较长的时间内连续进行调查、了解，从而研究其行为发展变化的方法。个案法一般要求研究者参与被研究个案的活动，与被研究者打成一片，从切身感受和获得的详尽资料中求得理论性和应用性的结果。总而言之，“个案”所代表的应是一项事实，或一组事件，它提供一个问题或一连串的问题，因此个案可被看作是一个能引发思考、判断和正确行动的工具。

1. 个案研究的目的

推广调查进行个案研究时，其主要目的可归纳为以下几点。

(1)找出问题的原因，并提出问题解决的对策。

(2)深入探讨问题或议题，归结出重大发现，为接下来的行动提供依据。

(3)发现个案的潜在能力，协助个案持续发展。

(4)当个案研究以组织为研究对象时，可经研究得出组织在经营管理上的缺失，进而提出改进方案，提升组织的绩效与竞争力。

2. 个案研究的特点

根据个案研究的目标，可以分成探索性个案研究、描述性个案研究以及解释性个案研究。

(1)探索性个案研究　探索性个案研究是与处理“是什么(what)”形式的问题有关。例如，用什么方法能提高农民协作组织的工作效率?

(2)描述性个案研究　描述性个案研究是与处理“谁(who)”与“何处(where)”的问题有关。例如，谁会去参加乡政府组织的公益活动?

(3)解释性个案研究　解释性个案研究是与处理“如何(how)”与“为什么(why)”的问题

有关。例如,农村社会保障制度应如何发挥最大作用?

4. 个案研究的步骤

个案研究在实施的过程中大体包括 3 个基本阶段,即先确定个案研究对象,而后通过各种方式进行调查并收集所需数据,最后进行个案分析并写出分析报告。具体步骤如下:

(1)叙述目标。所欲研究的个案及其特征、关系和历程是什么?

(2)设定研究的途径。研究个案如何选择?可用的资料来源有哪些?使用哪些方法收集数据?

(3)收集资料。

(4)组织数据,整合成一个完整结构的研究个案。

(5)撰写结果报告并讨论结果的重要性。

5. 资料来源

数据收集方式的多元化与数据形态的多样化是个案研究的重要特性之一。因此,有关个案研究资料的来源主要包括文件、档案记录、访谈、直接观察、参与观察和与人的行为有关的物体 6 个方面。

6. 报告撰写

个案研究报告没有一定的格式,有的甚至不需要以文字的方式完成报告,其格式因个案研究有关人员的需要而异。对于决策者、领导者以及其他非专业人员来说,个案研究报告,主要应以描述某种实际的生产、生活情景及启示为重点。对于专业人员,个案研究报告则侧重主题的研究方法以及学术上的问题为重点。个案研究报告不一定只有书写的方式,也可以用其他方式报告,如口头报告、一组图片或录像带。

四、文献研究法

文献研究法是利用现存的第二手资料,侧重从历史资料中发掘事实和证据。在农业技术推广研究中,文献研究法是必不可少的,这不仅指在初步探索阶段需查阅文献,为大规模的农业技术推广调查做准备,而且指在无法直接调查的情况下利用文献资料开展独立的农业技术推广研究。

(一)文献研究法的特点

文献研究法与其他通过直接、实地的调查进行的农业技术推广研究相比,文献研究法的特点在于它不直接与农业技术推广研究对象接触,所获得的资料更加客观准确。因此它也称为间接农业技术推广研究或非接触性农业技术推广研究;农业技术推广研究文献的另一个特点是,它的资料收集方法是与分析方法相联系的,农业技术推广研究者一般是在确定了分析方法之后,再去查找某种类型的文献。

(二)文献的类别

文献指的是我们希望加以研究现象的任何信息形式。根据文献具体来源的不同,我们可以把文献资料分为个人文献、官方文献及大众传播媒介 3 大类,也可以把它分为原始文献(或第一手文献)和第二手文献(文献学上称二次文献)两大类。

个人文献主要指个人的工作记录、自传、回忆录以及信件等。官方文献主要指政府机构和有关组织的政策、文件、记录、报告、统计、计划和信函等。大众传播媒介主要指报刊、电影、电视、新闻等。此外，书籍、歌曲、绘画、图片等也是推广研究中常见的文献来源。所谓原始文献，指的是由亲身经历某一事件或行为的人所写的资料。第二手文献是指利用别人的原始文献所编写或产生的新的文献资料。

(三)文献研究的主要方式

目前文献研究主要有以下 3 种方式。

1. 统计资料分析

现存统计资料往往是调查资料的补充来源，它可以为农业技术推广研究提供历史背景材料，也可作为推广研究的数据资料的主要来源。

2. 内容分析

这是将现存的文字资料转换为数据资料，然后运用统计方法分析社会现象。例如，查阅 20 世纪 50—70 年代的报纸，统计出历年来报道主要政治领导人的次数或频率。

3. 历史比较分析

这是一种理论分析的方法，它是通过比较各个国家、各个社会的历史事件或历史过程来发现社会发展的一般模式。这种方式要依靠想象力和思辨力，它是传统社会科学的主要研究方法，目前在一些理论性农业技术推广研究中仍很常用。通常所说的文献研究大多指这一方式，它与采用实证方法的调查推广研究相对立。

五、行动研究法

行动研究法是指情境的参与者基于解决问题的需要，与专家学者或组织中的成员共同合作，将问题发展成研究主题进行有系统的研究，边研究边行动以求问题解决的一种研究方法。“行动”主要指实际工作者的实践活动和实际工作，“研究”则主要指受过专门训练的专业研究人员和其他专家学者所从事的专业研究工作。行动研究一方面是整合理论与实证研究，另一方面则是直接运用研究的发现。也就是将行动研究视为一种理性的社会管理，同时结合社会科学的实验方法与社会行动，反映主要的社会问题。行动研究是种循环过程，可以处理人们实际关注的问题，适于组织的需要。这是从实际工作需要中寻找课题，在实际工作过程中进行研究，由实际工作者和研究者共同参与，使研究成果为实际工作者所理解、掌握和实施，从而达到解决实际问题、改善社会行为的目的。

1. 行动研究的基本特点

(1)行动研究以实际问题的解决为主要任务。研究的目的侧重于当时当地情景的改善，而不是理论的发展和普遍规律的发现。研究的过程就是解决问题的过程，研究的结果也就说明问题得到初步解决。

(2)行动研究要求实际工作者参与研究，研究者参与实践，并在研究和工作中相互协作。双向参与缩短了理论研究与实践活动、研究成果与实际应用二者之间的距离。

(3)行动研究是在真实、特定的工作环境中进行研究，研究的成果往往只能适用于特定的工作范围，并不一定具有普遍的应用价值。

(4)行动研究过程中,可以随时根据研究情况边实践边修改,不断修改研究的假设和方法,甚至更改研究的课题,以适应不断变化的新情况、新问题。

与其他研究方法相比,行动研究不是研究者建立一个解释客观事物的理论,而是参与研究的实际工作者对自己行为的反思,并不断矫正自己的行为。也就是说,行动研究的目标是改变,而不是说明。行动研究不仅为实际工作者提供了科学研究的现实可行性,而且将促使他们的工作更加科学、秩序和高效。

2. 行动研究实施步骤

行动研究法的实施步骤如下所述。

(1)发现问题。

(2)界定并分析问题(SWOT 分析)。

(3)草拟计划。

(4)文献回顾。

(5)重新界定问题。

(6)修正计划。

(7)实施计划。

(8)得出结论与报告。

3. 行动研究注意事项

行动研究的实施步骤与一般实证研究差异不大,其主要的差异是行动研究的问题多发生在实际工作中,同时行动研究的计划内容也必须随时调整,以符合实际情况的需要。实施行动研究时需要注意的事项主要有以下几个方面。

(1)要在实际环境中进行研究。

(2)要由实际工作者来进行研究。

(3)行动研究者应具备研究的知识与能力。

(4)行动研究者应秉持客观正确的研究态度。

(5)行动研究者要能充分整合运用各项资源。

(6)行动研究者要能适当地分工合作。

(7)研究过程应该保持充分的弹性。

(8)结果的应用只限于实际的研究工作。

模块小结

农业技术推广学是一门社会应用学科,研究对象是采用农业创新的人的行为。农业技术推广的主要研究内容是农业技术推广过程中农业技术推广对象行为规律、影响因素及其改变方法。因此,做好农业技术推广研究必须深入农村,面向农业生产,了解农民和农村情况,参与农业技术推广实践活动,进行调查研究,收集第一手材料和数据,加以分析、归纳和提升,从而促进农业技术推广的发展。农业技术推广研究的方法大多借鉴社会学、管理学领域,如何能在研究方法上实现创新,突出农业技术推广研究的特色,更好地为农村发展、农业效益提高和农民收入增加提供理论和方法参考是今后研究的重点。

模块巩固

1.简述农业技术推广研究的程序。
2.农业技术推广调查研究的方法有哪些?
3.试述如何编制农业技术推广调查问卷。
4.简述农业技术推广信息资料的收集方法。
5.简述访谈法的含义及分类。
6.简述农业技术推广研究的基本方法。

参考文献

[1] 高启杰. 农业推广学. 5 版. 北京:中国农业大学出版社,2022.

[2] 高启杰. 农业推广理论与实践. 2 版. 北京:中国农业大学出版社,2018.

[3] 高启杰. 农业推广学案例. 3 版. 北京:中国农业大学出版社,2020.

[4] 高启杰. 合作农业推广:邻近性与组织聚合. 北京:中国农业大学出版社,2016.

[5] 王守国,宫绍斌. 农业技术推广. 3 版. 北京:中国农业大学出版社,2021.

[6] 王守国,宫绍斌. 农业技术推广. 北京:中国农业大学出版社,2012.

[7] 王迎宾. 农业技术推广. 北京:化学工业出版社,2020.

[8] 王慧军. 农业推广学. 2 版. 北京:中国农业出版社,2017.

[9] 王慧军. 农业推广学. 北京:中国农业出版社,2002.

[10] 刘恩财,谢立勇. 农业推广学. 北京:高等教育出版社,2014.

[11] 王福海,王海波. 农业推广. 4 版. 北京:中国农业出版社,2019.

[12] 王宝山,简峰. 试验统计方法. 3 版. 北京:中国农业出版社,2014.

[13] 卢敏. 农业推广学. 北京:中国农业出版社,2005.

[14] 刘振伟,李飞,张桃林. 农业技术推广法导读. 北京:中国农业出版社,2013.

[15] 杨庆华. 农业推广写作. 北京:中国农业出版社,2008.

[16] 王孟宇. 农业科技实用写作. 2 版. 北京:化学工业出版社,2016.

[11] 汤锦如. 农业推广学. 3 版. 北京:中国农业出版社,2013.

[18] 田伟,皇甫自起. 农业推广. 北京:化学工业出版社,2009.

[19] 扈艳萍,马小友. 农业政策与法规. 北京:化学工业出版社,2012.